不再擔

每天安心上班 　　　　作術圖鑑

最高
工作術

F太 @fta7
小鳥遊 @nasiken

賴郁婷　譯

前言

～ 小鳥遊 ～

　　大家好，我叫做小鳥遊，是個上班族，任職於東京都內的某製造公司。相信正在閱讀本書的各位，一定多少都有工作上的困擾。這本書的內容，正好就是為了有以下煩惱的人所寫的。

● 工作總是**一拖再拖**，最後變得無法收拾
● 遇到不知道怎麼處理的工作就只會哀哀叫，**浪費時間**
● 做事情經常丟三落四或忘東忘西
● **把微不足道的小失誤看得太嚴重**，或是將他人的過錯當成自己的責任
● **無法專注在一件事情上**，導致每一項工作都無法完成
● 辦公桌或電腦桌面總是亂七八糟
● 目前停職中或正在考慮轉換跑道，對下一份工作充滿擔憂
● 家人、主管或下屬有（或是看似）以上煩惱

　　以上這些煩惱，除了最後一項之外，說的正是過去的我。各位假使覺得自己符合其中任何一項，都可以算是我的同志。歡迎來到這個自認為做事不得要領的大家庭！

　　各位可能會覺得我怎麼可以說得這麼輕鬆！對於正為了這些問題困擾不已的人而言，肯定每天都生活在恐懼中，**擔心自己會把工作搞砸，最後失去存在的價值。**

正因為如此，所以我想告訴各位，如果你對過去的我「感同身受」，你就很有可能可以「靠著改變工作方法解決所有問題」。

我在十幾年前被診斷出患有注意力缺乏過動症（ADHD）。上述所列出的每一項，都被認為和ADHD有關。不過在我的印象中，有不少人雖然不是ADHD，卻也都因為有類似的傾向而困擾不已。

本書的用意是想告訴大家，**如何在不改變自我個性的情況下，靠著調整「做事方法」來克服工作上的困擾**。「做事方法」指的並不是「毅力」或「心態」（不是否定毅力和心態的重要性，而是在討論這些之前，都必須要先知道做事方法）。

以前我總是一直失敗。

二十幾歲時拚了命地準備考司法書士，結果卻落榜。

後來在司法書士事務所和房仲公司打工，最後也都被開除離職。

即使好不容易找到正式工作，也是隨時提心吊膽，擔心自己會一直犯錯。平時只要主管的眉頭一皺，我就開始擔心害怕。想當然耳，事情一定做不好。我不斷苛責自己為什麼這麼沒有用，最後只能選擇停職（而且還是兩次！）。

這樣的我，如今也能放心地當個上班族。**靠的只是調整做事方法，完全不必改變自己的個性。**

我心想，這種「工作上的做事方法」說不定也可以幫助到其他人，於是便分享在我個人的社群媒體上。就這樣在因緣際會下，結識了本書的另一位作者F太。於是，我們一起針對這個主體設計了許多活動，並定期公開舉辦。

　　這本書就是依據我和F太共同舉辦的活動──「專為自認為做事不得要領的人設計的工作術」的內容所寫成的。

　　雖然不敢說看完這本書之後，各位也能在工作上大放異彩，或是這本書可以幫助每個人出人頭地，不過，如果你和過去的我有一樣的煩惱，至少這本書應該可以幫助你**不再擔心犯錯，能夠每天安心地出門上班工作**。

　　本書的每一個技巧，篇幅都差不多只有一兩頁。各位可以從頭一個一個嘗試，或是想到的時候，再選擇適當的章節嘗試。每一個技巧都能確實幫助各位工作變得更輕鬆。

　　希望大家可以依照自己的步調，好好善用本書的內容。這對身為作者之一的我來說，就是最開心的一件事。

小鳥遊

前言

～Ｆ太～

大家好，我叫做F太。我有兩個推特帳號，分別是「ひらめき メモ」（@shh7追蹤人數約二十六萬人）和「F太」（@fta7追蹤人 數約十一萬人）。

我既不是藝人、也不是名人，卻能靠著眾多的推特追蹤人數 維生。這種生存方式在日本來說，應該是少見。

非常感謝各位閱讀本書。透過這本書，我最想跟各位傳達的 是關於「認為自己做事不得要領」的「迷思」。

以前我一直覺得自己「做事沒有技巧」。

我從小就是個缺乏行動力的人，當初出社會找工作的時候， 甚至連履歷表都寫不出來，因為我「不知道自己想做什麼」，只 能每天不斷地在自我分析。

最後，我開始逃避找工作，反而一股腦兒地投入國家資格考 試。我花了兩年左右的時間準備公認會計師考試，結果還是落榜 了。

不得已之下，我只好開始在客服中心打工。

結束研習、站上第一線接起電話的那一刻，我的腦子一片空 白，連顧客說了什麼都不知道。我一句話也說不出來，最後是由 主管接過電話代替我回應對方。我完全無法活用研習時的所學， 公司也認為我「做事不得要領」，三個月後就把我開除了。

後來，我找到另一家客服中心，工作內容和之前被開除的公司完全一樣。但是同樣地，我還是一接起電話就整個人呆住，不知如何應對。

不過，這一次主管沒有出面幫我。一般的客服老手只要三分鐘就能應對結束的電話，我得花上三個小時才能處理完。相對地，主管給了我非常多建議。

雖然應對技巧不好，但是靠著不斷累積經驗，我開始慢慢習慣客服的工作。漸漸地我的表現愈來愈好，後來成為大家口中**「做事有技巧」**的人。

明明是和前一家公司完全一樣的工作內容，得到的評價卻完全相反。開心之餘，這也讓我心生恐懼。

如果真要說前一家公司跟後來的公司有何差異，答案就只是「主管」不同而已。難道只是因為正巧遇到一位和自己合得來的主管，所以才如此順遂嗎？

這個經驗讓我深刻體認到：
「做事有無技巧」並沒有一定的標準，端看身邊的人怎麼看。
「做事不得要領」，其實只是自己讓別人有這種感覺罷了。

除了主管以外，這兩份工作還有另一個差異。
在前一家公司的時候，我無時無刻都是提心吊膽，擔心自己會惹怒主管和客戶，導致完全無法專心工作。
但是在後來的公司，我變得從容許多。

我想這是因為我已經看開了。我告訴自己：

「找工作就只是像在抽獎一樣，這次沒抽中，再抽一次就好」

各位如果對現在的工作有所擔憂，一定要告訴自己：

「『做事不得要領』只是一種自以為的迷思。」
「如果不想做，隨時都可以辭職。」

透過這本書，希望可以幫助各位找到自信，相信「即使是現在的自己也能辦得到」，而且「就算在其他地方，也一樣能夠成功」。

F太

CONTENTS

CHAPTER6　缺乏專注力

CHAPTER7　不會整理收拾

CHAPTER10 不擅長做筆記、寫書信

CHAPTER 1

專為自認為做事不得要領的人設計的

工作的基本技巧

好!開始今天的工作吧!
・・・・・・
不過,在這之前,
勇士得先學習基本的工作技巧。　▼

「工作術」

提到工作術，
對於我們這種自認為做事不得要領的人來說，
最重要的不是展現自己有多厲害，在工作上表現出眾。

**而是正常地工作，
平靜地度過每一天。**

**知道「自己只要做好分內工作就好」，
不必提心吊膽。**

這本書就是帶領各位邁向這個目標的第一步。

仔細想想會發現，
從來就沒有人教我們所謂正確的工作方法。
所以做得不好也是情有可原，不是嗎？

在這一章裡，
我們將根據自身的經驗，
跟各位分享面對工作時必須知道的基本觀念。

簡單一句話來說就是：
「制定工作流程」。

包括每天既定的工作、
第一次接觸的工作、
被指派的工作、
單純的工作、複雜的工作、
業務工作、行政工作、
創意性的工作、
簡單的工作、困難的工作等。

不管任何工作，都要制定作業流程。
這是最基本的。
其中可分為五大步驟，
內容都十分簡單。

由於太過簡單，
各位可能會覺得「這些不是本來就應該要懂的嗎？」，
或是覺得「這我早就知道了！」。

不管怎樣，還是請大家姑且先回歸基本做起，
相信一定會有新的發現。

請各位想像自己開始工作時的「大腦」,
是不是也像這樣呢?

那件事得趕快做才行。

這件事不能再等了。

「快把那個做一做!」
咦?哪個?

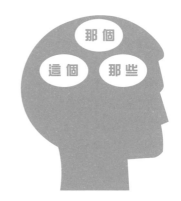

呃……到底是什麼呢?

啊!想到了!
是報價單!
另外還有簡報資料沒完成,
這一週的報告也還沒交……

「到底該先做哪一個才是？」

確認報價單的內容，
跟主管討論，
還要詢問最後的提交期限，
還得把這週的工作成果放進簡報草稿裡……

「啊～我的腦袋快爆炸了！到底該先做什麼才好？！」

像這樣一大堆該做的事情沒做，
不知道該從何下手時，
你的大腦是否就像玩「尋找威利」一樣抓不到方向呢？

接下來，
我們將會為各位介紹制定作業流程的五大步驟，
教你如何沉著冷靜地面對工作。

把事情加上對象寫下來

將腦袋裡依稀記得
「該做的事情」
轉換成語言文字。

例如一想到「田中商店……報價單……」，
就知道要「提供報價單給田中商店」。

一想起「部長說要提交週報」，
就知道要「提交週報給部長」。

這些就叫做「工作」。

如果不把「該做的事情」轉換成語言文字，
心裡永遠會有牽掛和壓力。

只是依稀記得，
有時候可能會就這樣忘記了。

所以，
不妨把腦袋裡依稀記得「該做的事情」加上對象，寫下來，
這麼一來也會比較放心。

田中商店……
報價單……

↓

工作

提供報價單
給田中商店

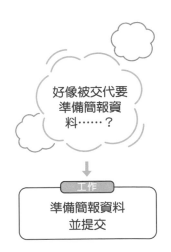

好像被交代要
準備簡報資
料……？

↓

工作

準備簡報資料
並提交

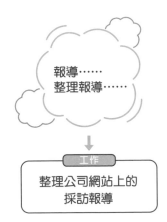

報導……
整理報導……

↓

工作

整理公司網站上的
採訪報導

週報的提交
期限是……
週末嗎？

↓

工作

提交週報給部長

制定作業流程

把該做的事情加上對象寫下來，變成「工作」之後，
接下來要安排作業流程。

每一項工作一定都有完成的順序。
就把這些順序條列出來吧。

如果不知道正確的順序流程怎麼辦？

不要緊。
一開始就依照自己的方式安排，
錯了再調整就行了。

不必擔心流程列得太少或太多。

總之就是用自己的方式，
把工作一路安排到「完成」。

透過安排順序流程，對工作自然會有完整的掌握。

---「 工作 」---
提供報價單
給田中商店

〔作業流程〕
- □ 向資材部確認產品價格
- □ 資材部答覆
- □ 草擬報價單
- □ 提交報價單內容給主管確認
- □ 主管答覆
- □ 製作報價單,提供給客戶

---「 工作 」---
準備簡報資料
並提交

〔作業流程〕
- □ 擬定草稿
- □ 提交草稿給主管確認
- □ 主管答覆確認結果
- □ 請同事確認簡報設計
- □ 同事答覆確認結果
- □ 提交簡報給主管

---「 工作 」---
整理公司網站上
的採訪報導

〔作業流程〕
- □ 發送採訪邀請函
- □ 採訪對象回覆
- □ 進行採訪
- □ 整理採訪報導
- □ 提供報導給採訪對象確認
- □ 採訪對象回覆
- □ 將報導上傳至公司網站

---「 工作 」---
提交週報給部長

〔作業流程〕
- □ 請同事提交當週業績
- □ 收到同事提交的業績
- □ 整理、輸入業績
- □ 請同事確認
- □ 收到同事確認
- □ 提交給部長

確認「誰該做什麼」

列出作業流程之後，
接下來要確認由誰負責哪些部分的作業。

工作不是光靠一個人完成，
而是像傳球一樣，由許多人輪流完成作業。

自己負責哪個階段（自己持球），
誰又負責哪個階段（他人持球），
都必須明確清楚地做好「工作的持球分配」。

只要分配好，
就會很清楚知道自己該做什麼。

也會知道，
就算同時有好幾項工作在身，
但其實大部分都是其他人在負責。

在下一頁的作業流程當中，
黑字代表自己負責的部分，
藍字代表的則是他人的工作。

┌─ 工作 ─┐
提供報價單
給田中商店

〔作業流程〕
□ 向資材部確認產品價格
□ 資材部答覆
□ 草擬報價單
□ 提交報價單內容給主管確認
□ 主管答覆
□ 製作報價單，提供給客戶

┌─ 工作 ─┐
準備簡報資料
並提交

〔作業流程〕
□ 擬定草稿
□ 提交草稿給主管確認
□ 主管答覆確認結果
□ 請同事確認簡報設計
□ 同事答覆確認結果
□ 提交簡報給主管

┌─ 工作 ─┐
整理公司網站上
的採訪報導

〔作業流程〕
□ 發送採訪邀請函
□ 採訪對象回覆
□ 進行採訪
□ 整理採訪報導
□ 提供報導給採訪對象確認
□ 採訪對象回覆
□ 將報導上傳至公司網站

┌─ 工作 ─┐
提交週報給部長

〔作業流程〕
□ 請同事提交當週業績
□ 收到同事提交的業績
□ 整理、輸入業績
□ 請同事確認
□ 收到同事確認
□ 提交給部長

設定工作和作業流程的完成期限

接下來請設定完成期限。

不只是每一項工作，
每一步作業流程也都要設定期限。

雖然有點麻煩，
不過先做好這一步，
接下來會輕鬆許多。

關於這個部分，
同樣可以依照自己的方式設定日期和時間。
暫且先設定好，之後如果發現
「請對方這一天回覆好像有點困難」
「應該可以稍微提前幾天提交」
再調整日期即可。

邊做邊調整，
才是「嚴守期限」的最佳方法。

5/15

工作

提供報價單
給田中商店

〔作業流程〕

☐ 5/11向資材部確認產品價格

☐ 5/12資材部答覆

☐ 5/12草擬報價單

☐ 5/13提交報價單內容給主管確認

☐ 5/15主管答覆

☐ 5/15製作報價單,提供給客戶

5/25

工作

準備簡報資料
並提交

〔作業流程〕

☐ 5/18擬定草稿

☐ 5/18提交草稿給主管確認

☐ 5/20主管答覆確認結果

☐ 5/22請同事確認簡報設計

☐ 5/25同事答覆確認結果

☐ 5/25提交簡報給主管

5/29

工作

整理公司網站上
的採訪報導

〔作業流程〕

☐ 5/12發送採訪邀請函

☐ 5/15採訪對象回覆

☐ 5/20進行採訪

☐ 5/25整理採訪報導

☐ 5/25提供報導給採訪對象確認

☐ 5/29採訪對象回覆

☐ 5/29將報導上傳至公司網站

5/16

工作

提交週報給部長

〔作業流程〕

☐ 5/11請同事提交當週業績

☐ 5/15收到同事提交的業績

☐ 5/15整理、輸入業績

☐ 5/15請同事確認

☐ 5/16收到同事確認

☐ 5/16提交給部長

把焦點擺在頭一項作業

接下來終於來到最後一個階段。
那就是，注意力只要擺在「第一項作業」就好。

作業流程全部列出來之後會十分壯觀，
讓人看了眼花撩亂。

有時候甚至會備感壓力，
覺得「有這麼多事情要做啊……」。

所以，這個時候不是強迫自己別去看，
而是讓這些全部消失，
只要專注在第一項作業就好。
可以抄寫在另一張便條紙或便利貼上，
或是顯示在電腦桌面上也行。

十幾項該做的事情，
一下子變成只剩下四項。
這麼一來，
「現在該做什麼」
「接下來該做什麼」
都會變得更加清楚。

到了這個階段，作業流程就算安排完成，
接下來就是正式開始工作了。

5/15

工作

提供報價單
給田中商店

〔作業流程〕

☐ 5/11向資材部確認產品價格

☐

☐ 5/12草擬報價單

☐ 5/13提交報價單內容給主管確認

☐

☐ 5/15製作報價單，提供給客戶

5/25

工作

準備簡報資料
並提交

〔作業流程〕

☐ 5/18擬定草稿

☐ 5/18提交草稿給主管確認

☐

☐ 5/22請同事確認簡報設計

☐

☐ 5/25提交簡報給主管

5/29

工作

整理公司網站上
的採訪報導

〔作業流程〕

☐ 5/12發送採訪邀請函

☐ 5/15採訪對象回覆

☐ 5/20進行採訪

☐ 5/25整理採訪報導

☐ 5/25提供報導給採訪對象確認

☐ 5/29採訪對象回覆

☐ 5/29將報導上傳至公司網站

5/16

工作

提交週報給部長

〔作業流程〕

☐ 5/11請同事提交當週業績

☐

☐ 5/15整理、輸入業績

☐ 5/15請同事確認

☐

☐ 5/16提交給部長

之後如果覺得工作進行得不順利，
請回過頭來重新「制定作業流程」。

---

① 把事情加上對象寫下來
② 制定作業流程
③ 確認「誰該做什麼」
④ 設定工作和作業流程的完成期限
⑤ 把焦點擺在頭一項作業

不管什麼工作，基本技巧就是以上五點。

各位務必要試試看，
讓自己早上帶著自信出門上班，
晚上帶著完成工作的成就感下班回家。

接下來，從CHAPTER 2開始，
我們將分別針對不同的工作煩惱，
提供具體的工作方法和訣竅。

不擅長

安排工作

糟糕！被計畫魔王纏住了！
‧‧‧‧‧‧
害得勇士束手無策，
遲遲無法突破糾纏⋯⋯

▼

為什麼總是無法妥善安排工作呢？

各位的職場上是否也有「相當能幹的人」呢？

做起事來不但效率十足，而且井然有序。對於電腦操作也相當熟練，面對客戶總是能掌握重點，說話簡潔明瞭。最重要的是，連模樣都帥氣破表……

這是做事不得要領的自己萬萬也模仿不來的……如果像這樣直接就放棄，恐怕有點言之過早了。

各位可以把工作想像成跟開車一樣（或是騎腳踏車也行）。

一開始為了考駕照，一定都是費盡心思記下所有交通號誌，不斷練習開車技巧。

等到考取駕照之後沒多久，就能邊開車邊聽音樂和廣播、跟車上的人聊天、思考晚餐要吃什麼了。

而且一旦學會開車，就算一陣子沒有開車，也不會忘記怎麼開。只要一握住方向盤，身體自然會知道該怎麼做。

這種「身體自然動作」的能力，在你我（F太）生活中隨處可見。

像是一到公司打開電腦就開始收信等，這些每天的例行工作，就算一早大腦還在恍神，同樣能辦得到。

可是，有些事情身體可以自然動作，但有些事情卻是怎麼也記不住。如果明明已經做過很多次，**卻老是忘記接下來該怎麼做，表示其實對事情的作業流程瞭解得還不夠徹底**。做事總是沒有計畫，不懂得安排。

邊做邊想下一步，這種做事方法不僅會給自己帶來壓力，最重要的是浪費時間。

要避免這種情況，方法就是上一章提到的「制定作業流程」。**作業流程正是解決做事沒有計畫的第一步**。

面對任何工作，首先第一步都要安排作業流程，照著流程一步步進行。

這麼一來，做起事情會順利許多，不會不知道接下來該做什麼。要想用身體記住工作，最重要的就是每一次都依照同樣的作業流程順利完成工作。

為此，接下來在這一章會針對制定作業流程的方法，以及讓工作更有效率進行的技巧做說明，帶領大家啟動工作的正面循環。

要做的事情太多，沒辦法妥善安排

▼

學會拒絕

「工作太多的你，需要的是『拒絕的勇氣』！」

每次聽到這種建議，個性膽怯的我（F太）都會覺得「要是我有這種勇氣，也不會累成這樣了……」。

這樣的我，後來之所以**學會拒絕無理的工作要求，是因為我開始懂得確實為工作制定作業流程**。

舉例來說，某一天老闆突然要你「從今天開始，以後每天都要加班到六點」。這種時候，你應該會跟老闆說「我真的沒辦法」吧。

沒錯，覺得「不合常理」的事情，即便沒有勇氣，大家也會斷然拒絕。

公事包如果撐得圓鼓鼓的，一看就知道「已經不能再裝東西了」。可是工作量無法目測，所以很難說出口「我已經做不來了」。

但是，如果把每一項工作都安排好作業流程，當下「實際的工作量」就會變得一目瞭然，清楚可見。這麼一來就能勇敢說出「我已經無法再負荷更多工作」，不會再害怕拒絕對方了。

POINT
清楚掌握自己實際的工作量

不擅長安排工作

不會安排是因為作業流程尚未制定完成

工作不順利，或是進行得不如預期，這種時候在怪自己之前，不妨先告訴自己，這是因為**工作的作業流程尚未安排妥當**的緣故。

工作的作業流程（請參照CHAPTER 1）就像是自我驅動程式，一旦程式建立完畢，人就只要照著實踐就好。

以電腦為例，準確度不好的程式會容易出錯。這種時候，應該是根據錯誤重新設計程式，並不是執行程式的電腦的問題。

如果是工作呢？沒有先建立工作的作業流程便直接著手進行，一旦發生問題就會開始怪自己「都是因為我不會安排工作」。就連最關鍵的問題原因也無法掌握。

為避免這種情況，各位可以試著先把工作的作業流程＝程式寫出來，這麼一來就能擺脫「自己是不是能力不足或不夠努力」的自我懷疑。不僅如此，遇到問題也能冷靜地根據作業流程更快找出問題發生的原因。

POINT
問題不是出在你自己

CHAPTER 2-3

不擅長安排工作

> 把工作拆解得不能再細為止

前面提到「工作的作業流程」是影響工作順利進行最重要的關鍵。這時候各位可能會問,具體來說該怎麼做呢?

重點就是,**不管什麼工作,仔細地一一拆解步驟就對了**。這麼一來就能建立作業流程。以下就示範幾個尤其需要仔細拆解成作業流程的例子。

① 確認

Before 請部長確認電郵內容
↓
After 1 請部長確認電郵內容
       2 收到部長的確認結果

② 索取

Before 跟會計要銷售數據
↓
After 1 請會計提供銷售數據
       2 收到會計提供的數據

③ 討論、請教

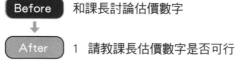

Before 和課長討論估價數字
↓
After 1 請教課長估價數字是否可行
       2 收到課長的回覆

④準備

Before　準備會議資料

↓

After

1 影印會議資料
2 將影印好的資料以迴紋針夾好
3 確認資料數量
4 發下資料

　　大概就像這樣。各位可能會覺得這樣拆分得太細,不過一開始最好先這麼做。

　　把作業流程拆分仔細,萬一做到一半被打斷,也能很快重新掌握狀況。就像夾書籤一樣,馬上就知道當下的狀況,例如「現在要等部長的回覆」、「現在必須自己跟會計要數據」等,很快地就能繼續接著作業。這時候應該就會覺得自己終於懂得安排工作了。

POINT
安排工作就是把工作拆分成一個個詳細的步驟

乾脆拆分到誇張的地步好了……

重複一樣的工作，卻始終無法順利進行

列出作業流程，反覆同樣的作法

明明是做過好幾次的事情，卻總是沒辦法好好安排。各位是否也有這種經驗呢？面對這類型的工作，更要列出作業流程，不斷反覆去做。一旦意識到是在做「重複」的行為，身體自然會習慣，速度也會愈來愈快。

我（小鳥遊）以前在公司負責的是發包名片的工作，有時候也會身兼其他工作。雖然工作流程每一次都一樣，卻老是忘記自己接下來該做什麼，只能邊做邊摸索。

像這樣總是邊看狀況邊做事，對大腦來說沒辦法理解是在「反覆做同樣的事」，當然永遠都無法習慣作業。

現在我在公司的職務是法務人員，主要負責審查契約書。和過去不同的是，現在我會把工作的作業流程先列出來。

契約書作業流程
1. 收到業務提供的契約書
2. 記錄受理表格
3. 檢查契約內容
4. 將審閱過的契約書退還給業務
5. 提供法務部審查合格證明書給業務

先列出作業流程，然後照著流程進行，**大腦自然會知道是在「反覆做同樣的事」**。久而久之，每當面對審查契約書的工作，大腦就會立刻浮現同樣一套作業流程，自然就能毫無遺漏地順利完成工作。

■ 反覆同樣的作業流程

同樣的作業流程反覆做久了，
身體和大腦自然會記住，變成自然反應。

提供合格證明書給業務

收到業務提供的契約書 ①

記錄受理表格 ②

反覆同樣的作業順序

將審閱過的契約書退還給業務 ④

③

檢查契約內容

POINT
不斷反覆地做，身體自然會記住該怎麼做

不擅長遵守期限

用「暫定」的方式培養進度感

　　有些人具備進度感，事情絕對會在期限內完成。這應該是因為這類型的人**在動手開始做之前，已經知道如何在期限內完成工作**。

　　不過，其實**沒有必要一開始就先設定好正確的進度**，而是設定暫定的作業流程和期限，然後邊進行邊修正、調整。各位可以把這當成練習，反覆自我訓練。如果覺得自己安排的進度太樂觀，總是趕不上期限，只要多加練習即可。

　　我（小鳥遊）之前在工作時曾經發生過一件事，當時公司的海外事業部變更部門名稱，希望可以在隔天之前拿到新名片。印刷廠的收稿截止期限為當天的中午十二點，必須在這之前將名片資料提供給對方。我估計大概三十分鐘可以準備好資料，於是直到接近中午才開始著手準備。

　　這時候我突然想到，海外事業部的客戶都是外國企業，名片必須以英文標示，於是急忙聯絡擅長英文的A。沒想到當時A正在開會，幫不上忙。

　　經過那一次的經驗，後來為了避免重蹈覆轍，每當接到製作名片的工作，我都會先擬定作業流程。

製作名片

1. 接到製作名片的工作

2. **確認內容**

---

3. 請教A英文的表現方式
4. 收到A的回覆
5. 將英文內容提供給部長確認
6. 收到部長的確認同意
7. 整理內容
8. 提供內容給印刷廠（中午十二點前）
9. 收到新名片
10. 留一張給總務室做備份
11. 將新名片交給所屬部門（隔天中午十二點）

首先暫定1～8必須在中午十二點前完成。這時候必須先確認A和部長的時間。假設A十點到十二點都在開會，部長十一點之後會外出，所以看來自己最好在十點之前就必須開始準備。

根據以上內容可以知道，鍛鍊進度感的重點在於以下三點：

● 把工作拆分成詳細的步驟
● 設定每個步驟的完成期限
● 確認實際的可行性

經過反覆練習，進度設計的準確度自然會愈來愈高，漸漸培養出進度感。

透過練習，掌握「期限」的能力會愈來愈好

害怕被追問進度

準備好隨時被問都能馬上回答的工作流程表

「對了，那個要提交給東京都的申請書，現在進行到哪裡了？」

像這樣突然被問到工作進度，是我（小鳥遊）以前最害怕的一件事。

因為我必須回頭去找之前的郵件，或是從桌上成堆的資料中翻箱倒櫃，才有辦法找到答案。

有經驗的人應該都知道，**一旦翻找過去的郵件，一個上午的工作時間就沒了**。這都是常有的事。

當然更別說讓對方等太久，臉色也不會太好看。有時候心急之下，甚至還可能犯下不該犯的錯誤，或是影響到之後工作的心情。光用想的就讓人頭皮發麻。

這種時候如果有作業流程表，就可以發揮很大的作用。例如對話就會變成以下這樣：

「向東京都提出申請的事，**進行到哪裡了？**」

一旦被問到進度，馬上就能確認作業流程表。

> **向東京都提交申請書**
> 1. 從東京都網站下載申請書（完成）
> 2. 填寫申請書（完成）
> 3. 申請書用印（完成）
> 4. 收到用印完畢的申請書 ◄ **目前進度**
> 5. 提交申請書

於是便能這麼回答：

「關於提交申請書一事，昨天已經申請用印，目前在等用印結果，預定明天就會將申請書提交給東京都。」

「我知道了，辛苦你了。」

別說是半天，幾秒鐘就能解決。而且只要查看作業流程表就能一目瞭然，也不必擔心會忘記進度。

以前我一直希望自己隨時都能回答主管的問題，卻沒想到原來**只要有作業流程表，我也能成為「隨時都能回答主管問題的員工」**。

更棒的是，有了作業流程表之後，不管任何時候被問到任何問題，只要一查就能知道答案，心裡也會踏實許多，工作變得更有效率。

POINT

制定作業流程表是為了讓自己放心

突如其來的工作讓人慌了手腳

大膽預留空白時間

工作認真的人，很容易會把自己的行程塞得滿滿的。只不過，如果不想讓突如其來的工作打亂工作步調，最好預留時間，別把行程排得太緊。

以下是我（小鳥遊）某一天的實際工作內容，色體字表示的是當天排定行程以外「突然插入的工作」。

8點～9點	討論契約書內容
9點～11點	**接待客戶。討論網頁內容**
11點～12點	會議延長一個小時
12點～13點	**整理會議資料**
13點～14點	**午休**
14點～15點	**部落格題材會議**
15點～16點	針對網頁進行內部討論
16點～17點	處理必要的雜務

假如我一開始就把行程排得滿滿的，後來肯定完全超出負荷。為了避免這種情況發生，所以才刻意控制自己「還可以再塞！」的念頭，不把行程排滿。

在安排工作時，我會把預計花費的時間，**抓得比自認為可以完成的時間再多一倍**。因為很多事情通常都沒有辦法在設定的時間內完成。

事實上，那一天在部落格題材的會議結束之後，原本還預計要「寫部落格」。不過由於進度表上的完成期限是隔天，所以決定先擱下不寫，後來才有辦法從容不迫地專心應付突如其來的會議。像這樣事先安排好每項工作的完成期限，自然也會知道如何放心地拖延工作。

工作上「突然插入工作」很正常。

因此很重要的是，一定要大膽預留空白時間，**讓自己能夠冷靜應對突如其來的工作**。

■ 安排工作不要太貪心

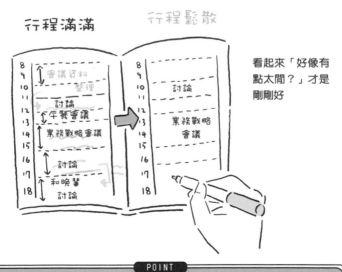

看起來「好像有點太閒？」才是剛剛好

────────── POINT ──────────
忍住「還可以再塞行程！」的衝動

一聽到「盡快」就緊張焦慮

依照自己的步調「盡快」就行了

　　工作被要求要「盡快完成」，是否會讓你感到特別緊張焦慮呢？事實上，你並不需要照字面去做。應該是說，期限的決定權掌握在你自己手上，**大可將期限設定在自己可以接受的範圍內去完成**。

　　以對方的立場來說，「盡快」的意思是指「現在能馬上去做當然最好，但還不至於一定要什麼時候完成」，因此並不需要急著去做。

　　相反的，**如果過於急著要完成對方交代的事情，很容易會逼死自己**。

　　有一次業務經理要我幫忙檢查一些資料。當我問他什麼時候要，他只說「盡快」。如果以前的我（小鳥遊），一定會告訴對方「今天下班前就給您」。

　　可是一回到位子上，看著眼前成堆期限在即卻還沒做完的工作，只能抱著頭苦惱「今天肯定是交不出來了……」。

　　不過，現在的我會這麼做。假設是一週剛開始的星期一被要求要「盡快完成」，我會**先主動提出具體的合理期限**：

　　「盡快嗎……這樣的話，這個星期五中午之前給你，可以嗎？」

　　這時候就算對方說：

　　「其實我想在星期三之前拿到……」

　　自己還是可以進一步討價還價，例如：

　　「這樣啊。不過我也是盡量在趕了，不然星期四給你，可以嗎？」

　　主動提出具體期限需要勇氣，但只要平常就有制定作業流程的習慣，且隨時都在注意期限，對於這種談判的場面一定能愈來愈得心應手。

■ 別把「盡快」當真了

最重要的是自己可以不慌不忙地完成工作

POINT
「盡快」是掌握主控權的大好機會

老是拖著事情不做

「2 分鐘」就能完成的事,當下立刻就做

可以馬上完成的工作,各位會當下就去做嗎?這也是不累積工作的關鍵之一。

雖然工作的基本方法是「制定作業流程」,不過有些工作則是簡單到沒有制定流程的必要。

做事快的人,通常會**先把幾秒鐘到一兩分鐘之內就能完成的事情做完**,接著才去做事先安排好的工作流程。

各位是否也有過這種尷尬的經驗呢?

雖然得留張來電字條在主管的桌上才行,不過當下手邊正在忙,於是打算等主管回來再直接跟他說好了。

結果最後卻忘記了,直到對方又打電話來找人,這才想起「自己忘記轉達了!」。

我(小鳥遊)就是最典型的例子,因為覺得「這個應該很快就能做完,待會再說好了」,於是不斷把事情往後拖延。過了一段時間之後才發現事情堆積如山,這時才急得跳腳。

比起不慌不忙,在焦急的狀態下做事,效果會差非常多。更危險的是,**一旦覺得事情很快就能完成而輕忽、沒有放在心上,很容易就會忘得一乾二淨。**

　　只要養成習慣把「可以馬上完成的事情」當下就做完，這麼一來，「雖然都是很快就能完成的事，但累積了這麼多，根本提不起勁去做……」等焦慮、苦惱的情況一定會愈來愈少，工作變得迅速有效率。

■ 簡單的小事務立刻去做

可以馬上完成的事情，
就快刀解決吧。

POINT
馬上去做？YES or NO?

提不起勁做事

▼

讓作業流程表推著自己前進

工作一拖再拖，掙扎著不想開始。各位也會這樣嗎？

一直重新整理信件匣，遲遲不想開始做事，就是最好的寫照。

就好比談戀愛一樣，看到朋友遲遲不敢開口邀約喜歡的對象，這時候你一定會很想告訴他「沒什麼好怕的，直接說就對了！」。

如果可以輕輕鬆鬆就跟喜歡的人說話，就不會那麼苦惱了呢。換言之，**你需要有個「什麼」來推自己一把**。

那就是：

欲望→「想讓對方知道自己的心意」
低難度→「如果只是打電話給對方，應該做得到」
專注→「心裡只有對方一人」
時間限制→「已經快畢業，就快見不到面了」

怎麼內容突然變得青春曖昧了起來，真是抱歉（笑）。
工作雖然不像這樣充滿酸甜的心情，不過道理是一樣的。

「好想完成工作，落個輕鬆」的欲望，
「先把信件的開頭寫完吧」的低難度，

「現在最重要的就是完成這項工作」的專注，
「而且期限就是今天！」的時間限制。

　　面對工作如果遲遲沒有動力，這時候第一步就是拿出作業流程表。假使沒有作業流程表，就動手開始製作。有了作業流程表，上述要素一應俱全之後，自然會推著你開始行動。

　　人一旦開始動手做，就會想一直做下去（稱為「勞動興奮」）。因此，總之只要開始動手做，事情就會像斜坡上的圓球自然而然地加速滾動前進。

　　透過作業流程表，先讓自己踏出第一步。各位不妨也試試這種方法吧。

■ 讓作業流程表推著自己前進

有了作業流程表，
就能推著自己一步一步往前邁進，
找到工作的「動力」。
就這樣順勢完成工作吧。

POINT
只要開始動手做，終點就在不遠處了

工作愈積愈多

工作的基本技巧就是「接到球後傳出去」

踢足球的方法是透過不斷傳球把球帶進球門，工作也是一樣。然而，**責任感重的人，通常都習慣自己一個人帶球**。

足球比賽只要應付一顆球就行了，可是工作必須同時面對十幾二十顆球。一個人要包辦這麼多顆球，實在不可能。這種時候就更需要**出動整個團隊一起傳球**。

自己一個人帶太多顆球（＝工作），結果只會給身邊的人帶來困擾。

另外，也不建議一直帶著一顆球不放。因為就如同上述所言，工作基本上就是不斷地互相傳球。

假設有A工作，

現在持球的人是自己？

還是別人？

釐清這一點非常重要。這個步驟叫做**「狀態確認」**。

舉例來說，請看以下的作業流程表：

1. ○○○交代要整理資料
2. **整理資料初稿**
3. **將資料初稿寄給同事再確認**
4. 同事回覆確認結果
5. **提交資料給主管**

以這個例子來說，**色體字部分表示為他人**持球（等待）的狀態，**黑體字表示是自己**持球的狀態。

覺得「自己得多做一點才行」的人，流程表上會變成變成黑體字。乍看之下會讓人覺得是個很有責任感的可靠之人。

但是，在足球場上就算想自己一個人帶球前進，很多時候球都會被對方抄截，沒辦法順利帶入球門。

把工作轉交出去，或許會讓人覺得是在將責任轉嫁給他人。不過其實無所謂，因為這是工作，比起自己緊抓著不放，不妨盡量把球傳出去吧。

■ 在工作上展現厲害的傳球技巧

工作是靠著許多人一起互相帶球、傳球，才有辦法完成。如果緊抓著不放，想靠自己一個人帶球前進，工作是無法完成的。

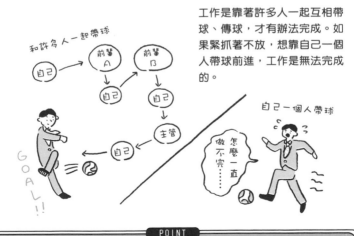

POINT
盡量把工作丟出去吧

不擅長協調大家的時間

關鍵在於確認順序為「先人，再東西」

對於不擅長擔任會議召集人或聚餐活動負責人等協調聚會活動的人，有個一定要先知道的鐵則是：先確定「人」，再來才是「東西」。

以準備會議為例。

開會最重要的是確定參加的「人」。

如果先從預約會議室、準備資料等「東西」開始著手，有時候最重要的參與會議的人反而會無法出席。

舉例來說，會議必須依照以下的流程準備：

> 召開商品開發會議
> 1. （人）確認會議成員的出席意願
> 2. （人）成員回覆出席意願
> 3. （東西）預約會議室
> 4. （東西）準備會議資料、影印
> 5. 召開會議

步驟1和2是「人」，3和4是「東西」。

即便弄錯順序，先預約了會議室，或是先準備資料，也不能等到最後才來確認出席成員的時間。這種慘痛的經驗，我（小鳥遊）過去就曾經犯過好幾次。

這是因為，會議地點可以臨時更換，但**人的行程沒辦法隨意更改**。

一旦決定召開會議或任何活動，第一步一定要先確認出席者的時間，將行程先排定下來。只要做到這一點，**事情就等於成功一半了**。

■ 決定召開會議後的步驟

決定召開會議

NG

① 預約會議室

② 準備會議資料

③ 確認出席成員的時間

空蕩蕩

大家的時間都兜不上……
又得全部重來一次

OK

① 確認出席成員的時間

② 預約會議室、準備會議資料

③ 會議當天

POINT
先從「人」開始確認

小鳥遊的失敗經驗談

帶看房屋

　　各位有聽過「帶看房屋」這個說法嗎？

　　「帶看房屋」指的是房仲帶著找房子的客戶到現場實際看房子。這件事應該不難吧，可是以前打工的時候，我卻曾經因為帶看房屋出過糗事。

　　那時應該是秋冬時節吧，主管要我帶來找房子的客戶去看房子。我心想得好好表現才行，二話不說就鬥志高昂地出門了。

　　當天的客戶是個外表溫柔的女生，立志想當個自由作家。應該立刻帶客戶去看房子的我，離開公司之前卻忘了確認房子的地址。在約好的車站和客戶碰面之後，我帶著她開始朝著完全相反的方向走去，始終找不到要看的房子在哪裡。

　　來回迷路了好久，最後終於找到房子，只是當時都已經天黑了。

　　房子裡頭沒有電，就算帶客戶進去，也是一片漆黑，什麼都看不見。結果當天就這樣讓客戶白跑一趟。雖然事後對方親切地安慰我沒關係，但是反而讓我覺得自己很沒用。

　　這陣子，我開始慢慢發現自己注意力缺乏的傾向，目前正在接受治療。從某種意義上來說，這個事件也是促使我認知到這個事實的一大關鍵。

無法決定工作的
優先順序

工作怪物出現了。

・・・・・・

可是,勇士完全不知道
該從何著手。

為什麼無法決定工作的優先順序？

很多人都會好心建議「工作要懂得多思考事情的優先順序」，許多教人工作技巧的書也都會提到決定優先順序的重要性。

雖然如此，但我想應該還是有很多人，光是應付眼前的工作就應接不暇，根本沒有時間好好思考事情的優先順序吧。不過各位大可放心。

每個人天生都具備決定優先順序的能力。

各位只是沒有察覺到而已，其實你無時無刻都在根據自己的標準，果斷地決定當下應該做什麼。

以前我（F太）還是上班族的時候，時常會有這種感覺。

最近桌子有點亂，今天一定要整理乾淨。
可是，在這之前得先想想新的企劃案內容才行。

⋯⋯不對，申請公款的截止日期只到明天了，今天得先整理收據才行。啊不對！在這之前，早上主管吩咐要我準備明天開會的資料。

……怎麼事情這麼多，先休息一下，來收個信好了。糟糕！客戶來信問到底什麼時候要聯絡，看起來挺生氣的樣子，得趕緊回信才行！

原本想整理辦公桌，換個清爽的環境工作，結果因為怕逾期申請會惹怒會計、害怕被主管罵、擔心客戶生氣，**只好一再改變工作的優先順序**。

在這些情況下，我的判斷標準是「不想被主管和客戶罵」。換言之，我在下意識中選擇了先做「避免被罵」的事情。

抱著「不想被罵」的心情做事沒有什麼不對，問題在於，當時我根本不清楚自己是用什麼標準來決定事情的優先順序。

話雖這麼說，但也不是要大家為了正確分辨事情的優先順序，花時間去做任何特殊的訓練。各位只要對照每一項工作的流程表，決定當下該做什麼事。透過這個方法，我漸漸學會告訴自己「雖然可能會被罵，不過我現在應該先做這件事！」。

藉由「先比較再選擇」的經驗累積，會讓你的判斷標準愈來愈精準。接下來在這一章，就讓我們一起來學習決定工作優先順序的正確判斷方法吧。

不會分辨工作的優先順序

先決定「人」的優先順序

不知道如何分辨工作優先順序的人，在這裡我要分享一個最簡單的方法，就是以位階最高的人為優先。換言之就是**以老闆交代的事情作為首要任務**。

以企業組織來說，位階愈高的人，通常掌握著公司的重要情報，這一點無庸置疑。尤其老闆的影響力之大，一舉一動都足以牽動整家公司。

高階主管交代的工作，大可放心地專心去做。各位可能會覺得「什麼嘛，這個標準也太隨便了」。不過，這確實是在決定工作優先順序時，最容易使他人心服的方法。

當然，有時候難免會遇到「咄咄逼人的急性子」或「積極、強勢的人」等會讓你一時衝動決定優先處理的人。為了不受這些人的影響，**很重要的一點是，自己必須先決定好「優先人選的順序」**。

一旦順序確定之後，就算有人跟你說「這件事很急，拜託了！」，你也可以毫不猶豫地告訴對方「等我先把老闆交代的事情做完再說」。只要有正當理由，對方也比較能夠接受自己的事情被往後順延。

先確實掌握決定優先順序的原則，再根據原則決定做事的順

序。透過這樣不斷練習，分辨工作優先順序的能力一定會愈來愈屬害。

■ 假設公司的架構如下

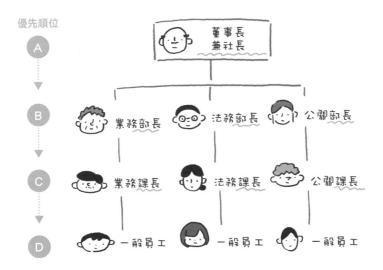

頭銜和職稱每家公司各有差異，
尤其大企業的職稱更是錯綜複雜。
對於自己公司的體制結構，最好事先瞭解。

POINT
根據位階高低來決定工作的優先順序，也是一個辦法

不會分辨工作的優先順序

▼

把工作先寫在行事曆上，掌握可利用的剩餘時間

排定的工作做不完，不知不覺都已經凌晨了……各位也有這種經驗嗎？

「自己做事是不是比別人更沒有技巧……」其實**大可不必這麼苛責自己**，因為你的確很認真在工作，只是對於可利用的時間掌握和現實有所出入罷了。

各位可以試著先把已經確定時間的工作，寫在行事曆上，例如「開會、討論」，或是「接待客戶」等。看到這裡，各位應該會覺得「不是本來就應該這麼做嗎？」。不過，請各位再仔細看看行事曆上剩餘的時間，**應該會發現可利用的時間比想像中來得少**。

例如某一天的工作行程如下：
- 8點到公司
- 10點和客戶開會，時間為一小時
- 午休和同事一起用餐
- 13點進行公司內部稽核，時間為兩小時
- 17點左右下班，回到家馬上幫小孩洗澡

從上班到下班這九個小時的時間內，可以坐在自己座位上做事的時間只有以下五個小時：
- 8～10點之間的兩個小時
- 11～12點之間的一個小時
- 15～17點之間的兩個小時

有時候甚至還要考慮到排定的行程可能會延長時間，另外還有朝會、接電話、準備開會資料等其他事情。如果再加上突如其來的工作，可利用的時間就只剩下四個小時，有時候甚至只有三個小時。因此，最好先把所有行程寫出來，如此才能確實掌握自己真正可利用的時間。

■ 某一天的工作行程

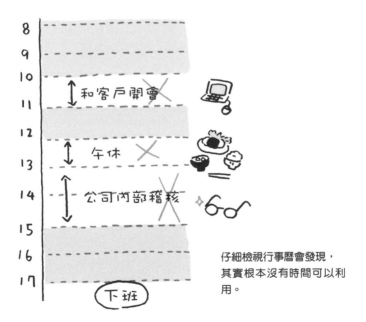

8
9
10
11　和客戶開會 ✕
12
13　午休 ✕
14　公司內部稽核 ✕
15
16
17
下班

仔細檢視行事曆會發現，其實根本沒有時間可以利用。

POINT
先掌握真正可利用的時間

CHAPTER 3-3

工作的優先順序亂成一團

▼

不要想一心多用

做事有效率的人，通常都會**放棄一心多用**。

各位是否也有以下經驗：

① 寫信寫到一半收到新郵件通知
② 直覺就打開來看
③ 對信中提到的內容和事情感到疑惑，於是回過頭去查看以前的信
④ 上網查不懂的用詞，查著查著開始逛起網頁來
⑤ 突然想到自己正在寫信，卻忘了已經寫到哪裡了

原本是打算「趁著寫信的空檔，把剛收到的信大概看一下」，但實際上卻造成以下的結果：

● 必須浪費時間回想「原本的信寫到哪裡了？」
● 後續也得再浪費時間回想剛收到的信查到什麼地步了

換成是工作有效率的人，則是會這麼做：

① 無視新郵件通知
② 把信寫完
③ 打開剛收到的信來看，進一步確認內容

做事有效率的人，一次只會專注在一件事情上，不會浪費時

間去「回想工作進行到哪裡」。

　　優秀的人通常都看似能夠同時處理好幾項工作，導致我們這種做事沒有效率的人會擔心「自己也必須一心多用才行」。事實上，這種煩惱不過只是幻想，各位大可放心地專注在眼前的每一項工作。

■ 一心多用只會造成混亂

一次只做一件事

整理資料

收信　協調時間

開會

計算公款

專心收信

━━━━ POINT ━━━━
不必擔心無法一心多用

不知道怎麼決定工作的優先順序

▼

> ### 「截止期限」和「工作品質」相比，「期限」更重要

工作上的自信來自於遵守期限，且這股自信會讓人在決定事情的優先順序時能夠更果斷。即便覺得「如果有更多時間，就能做得更好」，也應該以遵守期限為優先。

在以前，遵守期限是我（小鳥遊）的一大障礙。對我來說，截止期限就像是個拿著鐮刀的死神等在我的前方。

甚至有一次面試的時候，面試官問我：「你比較不擅長做什麼？」我竟然回答：「我比較不擅長有期限的工作……」害得對方哭笑不得。

然而，現在我反而對期限變得求之不得。

我現在在工作上所使用的作業流程表，都有「截止期限」的欄位。就算只是暫定，我也一定都會設定好截止日期。這種作法就是利用人會不由自主想填滿空白的心理。如此一來，每一件事情就一定都有截止期限。

在期限之前完成工作，是一種成功的體驗。累積成功體驗可以讓人產生自信，換言之，這種作法會帶來「遵守期限→增加自信」的正面循環，甚至變得「求之不得最好有期限限制」。

「如果有更多時間，就能做得更好。」這種心情我很瞭解，只不過，這很容易會讓自己有理由不遵守期限，更進一步導致工

作延宕，失去大家的信任，最後變得做起事來提心吊膽，無法放心工作。

不要害怕給工作訂下期限。遵守期限有助於增加自信，可以讓人放心地做事。先做到這一點，再來追求工作品質也不遲。

期限有助於增加自信

期限 4/20
CLEAR

期限 4/30
CLEAR

期限 5/15
CLEAR

期限 5/21
CLEAR

期限 5/25
CLEAR

期限 6/1
CLEAR!!

遵守期限的經驗愈多會愈有自信。
多多遵守期限，
給自己更多肯定吧。

POINT
保持「設定期限並遵守」的習慣

期限之神啊，我可以跟你當朋友嗎？

把每一項工作都當成最優先

分辨不必做的事和做不到的事

　　還有一種狀況是,把每一項工作都當成「最」優先,搞得自己完全不知該從何著手。

　　除了真正應該最優先處理的事情以外,其餘的都必須判斷是否需要「順延」或「放棄不做」。在這裡就針對「放棄不做」來說明。

例1　正在忙的時候,電話鈴聲響了

（好,開始專心寫企劃案吧！）

——鈴鈴……
（啊,有電話！對了,之前前輩說過「電話一定要在響一聲之後馬上接起來」！）

（不行,現在正專心在寫企劃案）

——「終於寫完了！」

　　有些工作必須像這樣優先處理,暫時不接電話。

例2　正在忙的時候,突然被交代其他工作

——「小鳥遊,可以麻煩你把業務部昨天的業績結算一下嗎?」

──「抱歉，可以請處理業務行政的柳原結算嗎？」

（雖然自己也可以做，不過現在抽不出身來……）

即便對方特地請託，有時候也不得不拒絕。

例3 正在忙的時候，身邊的同事需要幫忙

（隔壁座位的吉田正手忙腳亂地在影印請款單）

──吉田：「糟了！快來不及了！」

（好想幫他，可是我現在手邊的工作也快來不及了……）

──吉田：「啊！印錯了！」

（對不起！沒辦法幫忙……）

　　像這種情況，真的會讓人很想出手幫助，對吧？不過還是得專心在自己的工作上。這種時候，就算是再熱心，也必須克制著不出手才行。

　　雖然忍得很痛苦，但還是要知道：和自己沒有關係的事情**「不必插手」**。只有這麼做，自己的工作才有辦法順利完成。至於幫忙，等自己的事情做完再出手也不遲。

POINT
勇敢放棄「應該做」的事情

沒辦法向左走

　　這是發生在我停職之前的事。當時因為工作一直不順利,不知如何是好,最後導致連上班都覺得痛苦。那時候任職的公司,從最近的車站剪票口出來之後,就在左側出口的正對面。

　　痛苦了好一陣子之後,有一天上班時,我走出剪票口,腳步卻突然停了下來,沒辦法往左走。

　　各位可能會覺得「不是啊,只是轉個彎而已,怎麼可能辦不到?」。確實,只要願意,或許就能左轉大步邁去。但問題是我完全沒有那個「意願」。

　　早上通勤時間的人潮不斷從後方推擠過來,前方已經是盡頭了,我卻怎麼也沒辦法向左轉。唯一的選擇只能向右轉,隨著人潮漫無目的地往前走。

　　最後,我來到一棟大樓前的小公園,在長椅上坐了下來。公司就在車站的另一頭,以距離來說並不遠,但我就是沒辦法起身走過去,只好拿起電話跟公司請假。面對電話那頭「你還好嗎?」的關心,我一句話也說不出來,就這樣在原地呆坐了好一會兒。

　　不久之後,我的情況嚴重到只好停職。「必須去上班」的責任感和「上班好痛苦」的心情不斷在心裡拉扯,讓我完全失去行動。

　　即便現在因為懂得任務管理技巧,已經不會再害怕上班了,但偶爾還是會想起這段對自己影響深遠的經驗。

CHAPTER 4

做事

一拖再拖

雖然知道工作得趕快進行，
‧ ‧ ‧ ‧ ‧ ‧
但勇士今天還是
擺脫不了拖延的習慣。 ▼

為什麼會有拖延的習慣？

雖然知道只要開始動手做，就能擺脫煩躁的心情，但就是提不起勁。

這種工作上的拖延習慣，為什麼就是改不掉呢？

原因就在於只要是人，不管是誰都有一種特性，會想先做「身體習慣」的事情。

我（F太）最不擅長、也最容易一拖再拖的工作就是「整理收據」，也就是把錢包裡成堆的收據拿出來整理好，一張一張記在帳簿上。明明是很簡單的事情，我卻總是一拖再拖，直到結帳日快到了，才開始後悔沒有早點整理。

可是另一方面，我卻能每天以分為單位，記錄自己一整天的行動。然後再每天花一個小時的時間，將這些紀錄整理成報告。如此繁複的作業，已經持續了好幾年。

只要動手開始做，幾分鐘就能完成的事情（整理收據），我卻一拖再拖。相反地，得花一個小時以上才能做完的事情（整理報告），卻有辦法天天做。這全都是因為，**比起不習慣的工作，習慣的事情做起來輕鬆簡單多了**。

做不習慣的事情，比起用大腦思考，身體也會產生抗拒。

所以，當身體對「不習慣的事情」做出抗拒而一再拖延時，隨著「習慣的工作」接連而來，自然會繼續把不習慣的事情往後拖延。

既然如此，**只要讓身體牢牢記住工作，拖延的情況自然會跟著減少**，不是嗎？

於是，我不再要求自己：

「今天一定要整理那些成堆的收據！」

我告訴自己：

「只要每天花個五分鐘，稍微整理一下就好。」

就這樣，我開始一點一點慢慢地整理成堆的收據。

透過每天持續不斷地做，身體開始熟悉這樣的作業，漸漸地，動手整理收據對我來說，不再是一件困難的事。

不僅如此，就算有成堆的收據要整理，我也不會再因為抗拒而感到煩躁了。

也就是說，**就算事情本身還沒做完，但只要知道每天確實一點一滴地在進行，自然能擺脫拖延帶來的擔憂。**

在這一章，我們會教各位如何保持工作確實進行，即便速度緩慢。希望大家都能擁有一個不必擔心事情拖延、自由的工作環境。

明明很想趕快做完，卻提不起勁開始

▼

千萬不能太急著想完成

　　以前有一段時間，我（小鳥遊）一直在準備困難度相當高的法律相關證照考試。那時候，看到身邊的朋友一個個成為上班族、工作一路順遂，心裡實在非常焦急。

　　為了一年一度的證照考試，我為自己安排了相當嚴謹的讀書計畫，可是卻沒辦法按照計畫每天讀完該有的進度。進度一天天往後拖延，每天要讀的書愈來愈多，漸漸地我開始覺得「不管自己怎麼努力，反正一定念不完」，對自己徹底失望。

　　於是到後來，我雖然還是天天到補習班的自修室報到，卻都只是在睡覺，或是到書店看書，完全逃避現實。想當然，每年的結果都是落榜。

　　當時**我就是太在意一定要「完成每天的進度」，才會導致連念書都提不起勁**。換句話說，因為太想完成進度，反而讓事情一再拖延。

　　要終結這種情況，唯一的辦法就是拋開「一定要完成！」的迫切心情。

　　各位可以試著先把重心擺在**眼前作業流程表上第一件該做的事情**，而不是想著要「完成工作」。慢慢地你會發現，要完成一件工作或許很困難，但如果是從其中的一小部分開始做起，自己應該辦得到。

沒做完也不要緊。
只要一點一點慢慢做，
事情就會一點一點地慢慢完成！

就像這樣給慢慢進步的自己一點肯定。別急著想完成工作，可是也別停下前進的腳步。

各位或許會擔心，做事情這麼慢條斯理的，有辦法在講求速度的工作環境中生存下去嗎？其實各位別擔心，與其糾結於「得趕快完成工作」，讓壓力導致自己提不起勁，**只要動手去做，工作能力一定會隨之提升**。

■ 別急著望向終點

一直想著要完成工作，
可能會覺得既困難又沮喪。
但如果只是「寫信」，
說不定可以辦得到。

POINT
只要有進度，就算是一小步，也要給自己一個肯定

交代的事情一拖再拖

▼

當場先問清楚細節

　　這是我（小鳥遊）以前工作時發生的事。有一次，部長交代我「把股東說明大會的概要（摘要）整理一下」。好是好，可是我根本不曉得部長所謂的「整理一下」是指整理到什麼地步，完全不知該從何下手。

　　最後，那天一直到晚上，我只交出一張標題為「股東說明大會」的A4資料，內容只有日期時間、地點，以及「股東大會說明」幾個字。

　　部長看到這樣的資料，傻眼到不知該說什麼，只好叫我先下班回家。

　　有時候就算交代得清楚一點，例如「把今天開會的內容整理成一張A4的報告」，還是會讓人摸不著頭緒。相信很多人都有類似的經驗。

　　聽說短短一分鐘的影片，就有多達約一百八十萬句話。雖然不能直接拿來比較，不過可以肯定的是，要把一小時的會議內容**濃縮成一張A4的報告**，實在非常困難。所以會知知從何下手也很正常。

　　於是，後來只要不清楚主管的要求到底是什麼，我都會當場問清楚，並且寫下來。

┌─ 自己 ─
│「我覺得大概需要這些項目，您覺得呢？」
│（先大概寫出標題、主旨和內容）
└

主管
「嗯，差不多就這樣沒錯。另外把○○也放進去好了。」

自己
「好的，我知道了。至於表格的部分，我想就放這些內容，可以嗎？」

主管
「好，就這樣吧。」

　　問清楚之後，整份資料大概的輪廓也差不多就決定了，剩下只要填入內容和表格即可完成。

　　利用這種方式，別說是拖延了，就連「做出來的資料和主管預期的有所出入」這種情況也不會再發生。

POINT
別自己一個人緊抱著疑問

CHAPTER 4

做事一拖再拖

事情拖到最後才發現做不完

先一點一點慢慢開始

工作必須實際去做，才會知道是困難還是簡單。

有一次，我（小鳥遊）接了一份國家問券調查的工作。我心想，不過就是選擇題而已，所以沒有放在心上。沒想到等到提交期限快到的時候，翻開資料一看，裡頭竟然有一大堆問答題，根本不可能當天寫完。

當時就算感嘆「早知道一開始就先慢慢寫……」，也已經無濟於事了。

那天我一直寫到深夜還寫不完，隔天假日還得到公司加班，才終於完成。事後當然也被主管唸了一頓。

如果像這樣沒有及早掌握完成工作需要的時間，可是會讓人嚇破膽的。

尤其工作多的時候，最好**同時一點一點慢慢地開始進行**。就像將棋高手面對「車輪戰」一樣，一步一步同時移動眾多對手棋盤上的棋子。這麼做可以幫助自己**掌握完成工作所需的時間**，例如「依照目前的進度看來，速度得再快一點才行」。

這種方法也可以用來應付那些就算花一個小時也未必能想出答案、需要靈感的工作。一次想一個點子，然後暫時先去做其他事情。等到接下來再回過頭來思考的時候，會更容易有靈感。

■ 掌握抵達終點之前的距離

工作不會依照難易度排好，
必須實際動手做過之後，才會知道工作的範圍和難易度。

好像很難

GOAL
資料建檔

GOAL
資料建檔

喔！應該
馬上就能完成

GOAL
提交
名冊

要確認
的細節
比預期
的多

GOAL
申請費用
報銷

糟了！
收據都沒有
整理……

POINT
工作都是做了之後才會知道

小事情一拖再拖

把小事情附加在重要工作的後面

　　跑外務或出差之後,接下來的工作就是申請交通費等報銷作業。

　　在我(小鳥遊)任職的公司也是如此,只要跑外務,回到公司之後,都必須報支交通費。但是老實說,單趟才一百多圓的交通費,很容易會讓人覺得反正只是小錢,不急著馬上申請。

　　事情一旦擱下,通常就不會再碰了,就這樣先做其他工作,不知不覺忘了它的存在。甚至拖到下個月,這時候才申請,會計一定會生氣,所以當然更不會去面對它。

　　像這種容易一再拖延的小事情,最好把它列入作業流程表的最後一項。例如:

> **參加○○研習會**
> 　1. 提交報名表
> 　2. 出席會議
> 　3. 申請費用報銷

　　像這樣在出差或跑外務等作業流程的最後,加上「費用報銷」的項目。這麼一來就能藉由流程表提醒自己「還有事情沒做完唷!」。

　　將容易拖延的小事情,和非做不可的重要工作一起寫下來,不僅可以避免拖延,也比較不會忘記。

■ 制定工作套餐

利用餐廳常見的套餐方式，將小事情和重要的工作擺在一起，有助於擺脫拖延的習慣。

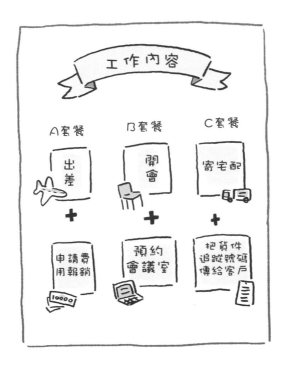

POINT
要不要一併來個「申請費用報銷」呢？

隨手抓到什麼就做什麼

有些事情拖延是對的，大可堂堂正正地擱著不管

各位是不是也覺得「拖延是個壞習慣」，所以被交代的事情一定馬上去做呢？

我（小鳥遊）以前也曾經有一段時間，一有交代工作就馬上動手去做。可是，因為經常急著做被交代的事，卻丟下其他工作不管，把事情的先後順序弄得不清不楚的，結果導致每一樣工作都做不完。最後，工作愈積愈多→大腦無法消化→突然停職……到頭來別說是工作馬上完成了，反而給同事帶來莫大的困擾。

跟我一樣有類似傾向的人，通常都會「因為好心而做事，結果造成所有事情都做不完」。做事不拖延的態度雖然會讓人留下好印象，但最後卻因為事情做不完而挨罵，實在得不償失。

其實，**拖延也有分「對」跟「錯」**。

沒有任何原因而不做，最後帶來的就是錯誤的拖延。

如果是根據評估，有計畫地選擇「現在不做」，就是正確的拖延。

只要養成事前制定作業流程表的習慣，有些事情自然能夠選擇當下不急著做也無妨。這樣也能避免不經思考就貿然行動。

POINT
正確的拖延多多益善

沒有開始的動力

▼

把工作刻意留下來別做完

每當電視劇出現「下集待續」的字幕，總會讓人不禁想繼續看下去。這種相較於已經結束完成的事物，會更在意未完成的事物後續發展的心理，稱之為「蔡加尼克效應」（Zeigarnik effect）。

這一點也可以用來對付拖延的習慣。

各位今天先試著**刻意留下工作別做完**，讓心情停留在「還想繼續做下去」的狀態。

如此一來，隔天便能更快進入工作狀態，因為已經很清楚該從哪裡開始做起，自然能預防拖延的情況發生。

可以先安排好作業流程表，幫助自己更方便知道工作是進行到哪個部分被中斷。

因為如果不知道「昨天做到哪裡？」「今天該從哪裡做起？」，結果就很有可能擱著不動，造成拖延。

前一天先保留一小部分別做完，隔天就能以「終於可以完成！」的心情完成工作。這或許是個值得一試的方法。

POINT
安排一個禮物給明天的自己

小鳥遊的失敗經驗談

冰咖啡

人一旦沒有自信，簡單的事情也會變得做不來，不再相信自己可以辦得到。

我以前曾經因為工作不順而停職。當時我因為太在意自己在工作上的失誤，變得對自己沒有信心，覺得自己什麼都做不好。有一天，我到咖啡店點了一杯冰咖啡。過沒多久，咖啡送上來了。我先是嚇了一跳，接著心裡一陣感動。各位知道為什麼嗎？

我驚訝和感動的原因是因為：

- 店員正確地為我點餐
- 把我點的餐點正確地傳達給廚房
- 廚房人員正確地為我製作冰咖啡
- 店員正確地為我送上冰咖啡

各位一定心想「這不是理所當然的事嗎？有什麼好驚訝跟感動的？」。沒錯，這些都是理所當然的事，但是，當時完全失去信心的我卻覺得「自己連這些都做不到……」。當時的我，完全沒有信心自己可以正確做好這些簡單的事情。

雖然現在再回頭看，那不過是一段過去的往事，不過當時我對未來完全不抱任何希望，一心覺得自己應該沒辦法繼續在社會生存下去了。

如今十幾年過去了，那一天的驚訝和感動，到現在仍記憶猶新。就某種意義上來說，我想那應該是我這輩子都必須謹記在心的自己的原點。

CHAPTER 5

經常粗心犯錯、
忘東忘西

被犯錯妖怪纏上了。
· · · · · ·
勇士今天
又得低頭道歉了。
▼

為什麼老是粗心犯錯、忘東忘西？

經常忘東忘西、小錯不斷,而且同樣的錯誤一犯再犯……好幾次被主管警告「下次給我小心點!」。

知道了,我會小心!結果又……

都已經這麼小心了,為什麼就是避免不了粗心犯錯呢?不過反過來說,**正因為一直提醒自己要小心**,才會造成這樣的結果。

如果繃緊神經,犯錯的情況的確會減少。不過要一直繃緊神經小心別犯錯,實在很累人。

而且如果太在意,反而會時時刻刻提心吊膽,擔心「是不是忘了什麼沒有做?」「是不是漏掉什麼沒有確認?」,對自己愈來愈沒有信心。

像我這種做事情容易忘東忘西、注意力不集中的人,一旦犯錯,首先應該做的,就是在自己周遭設下避免犯錯的「機關」。

各位可以試著改變想法,**不是把自己變成不會犯錯,而是改變原本容易犯錯的生活環境和工作環境**。

我(F太)很不擅長跑外務,不是經常忘記帶東西,不然就是忘記鎖門,或是遲到。

舉例來說，我真的經常會忘記帶手機的行動電源。就算我發誓下次一定要記得帶，以為把行動電源確實放進公事包裡就沒事了，結果卻忘了帶充電線。我懊惱萬分，等到下一次，我把行動電源和充電線都一起放進公事包裡，心想這樣總該行了吧，結果行動電源沒有電……

　　不管再怎麼「注意」別忘記帶東西，不可預期的失誤還是會一再發生。於是，漸漸地我放棄了，不再期待「自己總有一天會記得」。

　　後來，**每當忘記帶東西，我就會把那樣東西寫進「出門前準備事項」的清單裡**。例如「起床後先將行動電源充電」、「把行動電源放進公事包」、「把充電線放進公事包」等一項一項慢慢追加，直到再也不會忘記帶行動電源為止。

　　利用這種方法，在每一次犯錯之後，就重新調整準備清單，也就不會再擔心害怕會忘記帶東西。我雖然對自己的學習能力不抱任何期待，不過對於自己整理出來的「出門前準備事項」清單，可說是信心滿滿。

　　只要確實在周遭環境中安排好「機關」，自然可以擺脫過去擔心犯錯的緊張心情，用更放鬆、自在的心情面對工作。

經常忘東忘西

把記憶外包給數位工具

人會忘東忘西是很正常的事。

所以乾脆想開一點，藉由其他東西來協助容易忘東忘西的自己。

就像視力不好的人會戴眼鏡幫助看得更清楚。

記憶也別是光靠大腦，就交給數位工具來幫忙吧。

當然也可以利用備忘錄或行事曆，不過最好的辦法，莫過於善用便利的數位工具。

還不會利用數位工具的人，何不就藉著這個機會嘗試看看呢？

最具代表性的筆記軟體有「Evernote」。以下是該軟體的幾項優點：

①可匯集資料

可以將眾多資料儲存在同一個地方，還能透過電腦或手機隨時瀏覽，非常方便。

②可搜尋

只靠模糊的記憶也能迅速找到資料。

③可編輯

可輕鬆進行每一項編輯作業，包括調動排序、替換詞彙、複製內容、插入圖片等。

除了作業流程表以外，把所有備忘事項全都集中在同一個地方儲存。之後只要登入軟體就一定找得到，不必再擔心會忘記。透過善用數位工具，心情也會變得更從容，不再緊繃。

■ 告訴自己「不再依靠大腦來記憶」

記憶別光是靠自己，一切就交給數位工具吧。

就想像成是為自己的大腦外接另一顆硬碟。

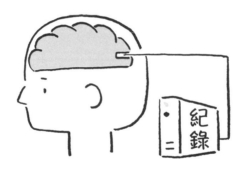

POINT
就算忘記了，也還有紀錄可循

老是犯錯而沮喪

犯錯可以成就最完整的作業流程表

我（小鳥遊）目前在公司擔任管理部法務人員，負責契約書的製作。有一回，我把契約書的雙方當事人（甲乙方）寫反了，而且同一份契約書中還連錯兩次。

厚著臉皮說得更清楚一點就是，在買賣契約中，原本應該是我方交貨、對方付款，結果變成我方不僅要交貨，還得付款給對方。這實在是身為法務人員不該發生的疏失……

所幸在提交給對方之前，主管先發現到錯誤，最後才及時修正。不過，想當然耳還是被訓了一頓。縱使我已經很謹慎面對工作，不過現實是依舊犯下錯誤。這讓我十分沮喪。

於是，我重新調整契約書的製作流程，多加了第4項的步驟：

契約書製作流程
1. 收到業務提供的契約書
2. 記錄受理表格
3. 檢查契約內容
4. 確認契約中的雙方當事人（甲乙方）與條項款目是否正確
5. 將審閱過的契約書交還給業務
6. 提供法務部審查合格證明書給業務

如此一來，即便是個性散漫的我，後來也鮮少出錯了。

在第一章曾提到，工作的首要原則是依照作業流程一步步執行。**一旦犯錯，務必要在作業流程表上追加一個防止犯錯的步驟**。

養成這種追加的習慣，就能制定出一份不會出錯的作業流程表。

■ 犯錯之後馬上調整

一旦犯錯，在沮喪之前，先養成習慣「調整作業流程表」吧。

搞砸了！

調整作業流程表

出包瓣瓣！

POINT

別急著想避免犯錯

經常寫錯、掉字

▼

讀出聲音來

　　資料修改再多次，還是會被挑出錯字或漏字……關於這種情況，有一點我（F太）一定要先聲明的是，**打字時會選錯字或掉字都實屬正常！**即便是每天打字量龐大的我，也經常選錯字和掉字。

　　以前拿筆的時候，寫字速度慢，相對會比較容易發現寫錯字和掉字。然而，現在幾乎都是電腦作業，打字的速度比手寫快上許多。但人類的大腦自遠古時代以來就沒有太大的進步，因此思考速度還是跟以前一樣。

　　所以一定會出現錯字或漏字的失誤。既然如此，何不乾脆放棄掙扎，直接來學習如何發現自己打錯字和漏字的方法呢？

　　發現錯字和漏字最快的方法，就是把完成的內容讀過一遍。就是這麼簡單。

　　可以輕聲地唸出來，或是只動嘴巴、不出聲音也行。總之就是把寫好的內容唸過一遍，如果有漏字或選錯字，這時候應該就會發現。

　　不僅如此，這個檢查方法**同時也能鍛鍊寫作及會話能力**。透過唸出聲音來，也有助於鍛鍊自己對於文章通順度的敏銳度，包括句子是否太長、主動詞是否正確等。

另外，**唸出自己的文章還能幫助訓練「說出自己的想法」**。不擅表達的人，通常都不太願意說出自己內心的想法。藉由讀出自己寫的文章，下回在面對實際對話的場合時，也會更容易表達出自己的想法。

■ 唸出聲音可以幫助發現錯誤

唸出聲音的好處非常多，包括：

・發現錯字、漏字、選錯字

・發現文章不通順的地方

・知道最適當的文章長度

・鍛鍊表達能力

・整理自己的想法

POINT
只要唸出聲音來，錯誤就會減少

打字容易粗心犯錯

善用「新增單字」功能

　　說到粗心犯錯最常出現的情況，應該就屬電腦打字時打錯字和選錯字了。

　　我（小鳥遊）自己也是，所以為了減少犯錯，只好盡量避免「自行打字選字」。

　　這時候就必須仰賴電腦的「新增單字」功能（譯註：類似於中文輸入法的「使用者造詞」功能）。無論是不會出現在選字表裡的艱澀用詞，或是不常見的人名、經常使用的片語詞彙等，都可以利用這項功能自行建立。

　　透過這項功能，只要輸入前面2～4個字，電腦就能自動帶入詞彙，可以縮短輸入的時間。**不僅方便省時，而且還能避免出錯**。

　　特別是一些業界的專業用語，在輸入時也很容易選錯字。以下就是我自己建立一些常用詞彙。

信件開頭的問候語及結尾的感謝語
「おせ」：平時承蒙您的照顧，我是○○公司的小鳥遊。
「おつ」：辛苦了，我是小鳥遊。
「いじょ」：以上再麻煩您了。
「とりい」：很抱歉先以此匆忙致謝。

客戶、經常得到對方照顧的人
「うめ」：**梅村綜合律師事務所**
「たけ」：**竹下先生**

業界的專業用語
「かだい」：**架台**
「れんけい」：**連接**

其他
公司地址、電話
自己的電子郵件信箱及公務手機號碼
無法快速選字的公司名稱及人名

　　實際建立的詞彙還有很多。各位不必急著一次就把所有詞彙全部建立完成，可以自己決定方式，例如一天一個，**慢慢建立自己的常用詞彙庫**。等到建立自己專屬的詞彙庫之後，打字的速度就能加快且正確無誤，減少粗心犯錯的機率。

POINT
盡可能避免自行打字和選字

記不住人名和長相

▼

善用「小筆記」、「綽號」和「臨機反應」就不必緊張

　　每個人擅長及不拿手的事情各有不同，不擅長記住人名和長相的人，通常對人以外的事物都會特別關心，而且對感興趣的事物也會比任何人還要瞭解。

　　只不過，既然是在組織內工作，記住顧客和客戶的名字及長相，做起事來畢竟還是比較方便。

　　因此，在這裡要跟大家分享記住名字和長相的方法。我（F太）自己推薦的方法有以下三種：

　　① 在名片上做小筆記
　　② 替對方取綽號
　　③ 事先想好萬一忘記時該如何反應

　　拿到對方的名片之後，先趁著當天把對方的資料記錄下來，包括長相、特徵、對話內容等，幫助自己日後更容易回想。

　　另外，可以自己在私底下**替對方取個印象深刻的綽號**。這麼說雖然很失禮，但是老實說，愈是對對方不敬的綽號，愈容易記得住。不過比起這個，把見過面的對方姓名給忘了更失禮，所以還是正大光明地替對方取個容易記住的綽號吧。

　　如果真的忘記、怎麼都想不起來，可以事先找個同事私底下

偷偷給自己打暗號。或者**另一個很有用的方法是，事先想好該怎麼承認自己的失禮，並且從對方口中問出答案**，例如：

「真的很抱歉，我突然一時想不起來，我們上一次見面是什麼時候？」

像這樣準備好反應方法，就不必再擔心或害怕跟人見面了。

■ 在名片上做小筆記的妙用

記不起來也沒辦法，既然如此，如果是日後還得受對方照顧，或是希望跟對方保持良好關係的人，就在對方的名片上做點小筆記，並且替對方取個綽號吧，這些以後都會發揮很大的幫助作用。

（小筆記）
・留鬍子
・聲音低沉
・外表穩重

（綽號）
「Slowboy」

（小筆記）
・戴黑框眼鏡
・髮型三七分
・喜歡甜食

（綽號）
「小熊維尼」

（小筆記）
・齊瀏海
・外表中性
・似乎有在踢五人制足球

（綽號）
「大和撫子」
（譯註：日本國家女子足球隊暱稱）

POINT
直接放棄靠大腦記憶吧

CHAPTER 5-6

弄錯日期和時間

▼

只看第一手訊息

　　我（F太）非常害怕搞錯日期。

　　尤其是出國的時候，如果出發和抵達的日期不同，我都會三番兩次不停地確認自己有沒有搞錯出發日期和時間。

　　基本上，**我完全不信任自己寫下來或輸入的日期和時間**。

　　我通常會把行程及可以確認時間日期一定不會錯的訊息來源，一併記錄在Google行事曆上。

　　例如以下方式：

● 如果跟人約好要見面，就把當初約定時的往來訊息，複製貼在行事曆上。

● 如果有活動行程，就把有時間日期的活動申請網頁網址，複製貼在行事曆上。

● 就連買車票和機票，也會把預約時的確認網頁的網址，複製貼在行事曆上。

● 如果是婚宴或同學會等紙本通知的活動，就用手機拍下照片留存，並在行事曆上標註「已拍照留存」。

　　我平時就用這種方式記錄所有行程，所以只要登入Google行事曆，隨時隨地都能**掌握「絕對正確的日期和時間」**。

另外，在行程的前一天或當天，我一定會再回過頭確認自己有沒有記錯日期或時間。

　　但是即便如此，我還是很怕自己弄錯，所以我會邀請公司的同事或另一半一起共享Google行事曆。

　　這麼一來，一旦行程有問題，共享行事曆的夥伴也會好心提醒，大幅減少出錯的機率。

　　不僅如此，有時候為慎重起見，在行程的前一天或當天，我還會另外傳訊息跟對方確認「明天〇月〇日〇點再麻煩您了，期待能與您相見」。

　　過去我就曾經收過這種訊息，一方面除了開心以外，發現還能跟對方確認時間跟日期是否正確，所以後來也就把這一招學起來跟著用。

POINT
別被自己做的筆記給騙了

忘東忘西

用不影響自我肯定的方式鼓勵自己

我（小鳥遊）經常忘東忘西，小學的時候，爸媽幾乎每天都得跟老師道歉，保證一定會提醒我別忘記帶東西。從那之後經過了快四十年，我才終於找到了避免忘東忘西的方法。

像我這種東西太多的人，最好的方法，就是一開始就別買太多「東西」，並且做到斷捨離。如果這樣還是會忘記帶東西，建議可以善用以下兩種方法：

● **物歸原位**
● **一笑了之**

首先是「物歸原位」。我的房間有個特殊「箱子」，每次一回到家，立刻就會把錢包、眼鏡布、鑰匙、車票等全部放進裡頭，出門前再拿出來。**每天把固定的東西放在固定的地方**，忘東忘西的情況自然會減少。

接著是「一笑了之」。每天出門前，我都會告訴自己**「OK，全都帶齊了！」**。就算忘記帶東西再跑回家，拿到東西出門之前，我也會笑著告訴自己**「這下更齊全了！」**。

也就是說，我不會因為忘記帶東西就否定自己。這一點非常重要。

「忘東忘西」跟「遲到」還真是好朋友呢（泣）

我會用各種方式鼓勵自己，例如「史上最齊全」「十年難得一見的齊全」等，就像薄酒萊的標語一樣。

　　不隨便否定自己，而是透過挖苦自己的方式一笑置之，這就是我對付忘東忘西的絕招。

■ 最容易忘記的東西

先把經常忘記帶，或是老是找來找去的東西，
每天固定放在同一個地方吧。

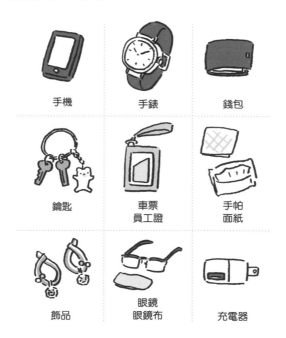

手機	手錶	錢包
鑰匙	車票 員工證	手帕 面紙
飾品	眼鏡 眼鏡布	充電器

POINT
想辦法讓自己「不會忘記」且「不影響心情」

F 太的彆扭經驗談

羞於見人的筆記本

我的朋友不多。這或許是因為我不太會記人名,就算記住也很快就會忘記的緣故。

大學時,記不住同班同學的名字讓我十分困擾,所以有一段時間,我每天隨身都會攜帶一本小筆記本,裡頭寫了每一個同學的名字和特徵,以及自己跟對方聊過的內容。此外,和大家聊天時,我總是跟不上名人話題,對東京的地名和車站也一無所知。所以,我也會把藝人的名字、地名、車站名稱等,全部寫在筆記本上,強迫自己背下來。

平時只要一有空,我就會拿出筆記本不停翻閱。有一次,我把筆記本忘在教室裡,結果被同學發現,讓我尷尬到極點。那簡直是地獄呐!

從那一次之後我就下定決心,所有羞於見人的東西,絕對不手寫留下紀錄。

現在有了手機,所以這一點倒是不必擔心。只不過,有時候還是會想寫一些絕對不能讓人看見、抒發情緒的東西。這種時候,我會找一張A4影印紙,把所有心情全部一吐為快,然後再把紙撕碎燒掉,或是泡水之後揉成一團丟到垃圾桶。

順帶一提,當年那些拚了命背下來的同學名字跟東京地名,很遺憾地現在幾乎全部忘光了。

缺乏

專注力

一回神才發現自己又在亂逛網頁，
思緒不曉得飛到哪裡去了。
‧ ‧ ‧ ‧ ‧ ‧
勇士今天還是沒辦法集中注意力。 ▼

為什麼沒辦法專心？

為了得到專注力這種神奇的能力，從以前到現在，別說是冥想、控制腦波的聲波音樂、咖啡因，就連提神醒腦的香草茶等，總之所有方法我（F太）都嘗試過了。這些確實也都有一定的效果。

只不過，長期不斷反覆嘗試之下，我發現自己忽略了最重要的關鍵。

若要比喻，專注力就像談戀愛。如果深愛著對方，無論有再多的阻礙，都會為之著迷而心無旁騖。反之，如果對對方不感興趣，就算是在浪漫的餐廳約會，也會心不在焉，只想趕快結束。

專注力可以說也是如此。

不管把環境打造得再完美，**對於不感興趣的事物，實在很難專注**。

以前我一直希望自己能夠專注於每一件工作，只不過，這樣的期許到頭來，就好比希望自己可以輕浮地喜歡任何一個人（我指的是工作）。

以戀愛來說，有時候在某些情況下，也會讓人萌生感情。例如原本毫無感覺的對象，突然間在一次兩人獨處的情況下，開始對對方產生好感。

有時候則是因為座位相近，或是參加同一個社團，慢慢瞭解對方之後，開始漸漸產生好感。

　　專注力也是一樣。換言之，沒辦法專心不是因為你的專注力不足，而是：

・情況不對
・不瞭解對方（工作）

　　原因可能是其中一個。

　　以工作來說，適當的情況指的是**挑選適合該工作的時間和地點**。
　　例如需要靈感、專心思考的工作，最好選擇在早上或中午之前，而且是在可以獨自安靜思考的地方進行。
　　至於熟悉的一般作業，則可以利用下午昏昏欲睡的時間，在稍微吵雜的環境下進行。

　　此外也得深入瞭解對方（工作）才行。對工作內容如果不瞭解，當然不會感興趣，也就無法發揮專注力。

　　需要花多久的時間才能完成？需要具備哪些資料、知識和技術？可以向誰請教？要怎麼進行才會順利？
　　像這樣事先**掌握整個工作的詳細狀況**，才是提升對於眼前工作的專注力最重要的關鍵。

沒辦法專心

找到瞭解、掌握現狀的感覺

對工作進度不瞭解，很容易就會擱著不想動。但是工作不會停頓下來，只會愈積愈多。

「今天事情又沒做完了，明天又要面對成堆的新問題，到底該怎麼辦才好……」

只能每天加班到深夜，抱著擔心的心情回家。

我（小鳥遊）也曾經歷過這種時期。即便從他人的角度來看，很明顯這都是因為缺乏專注力的緣故。

人對於自己不瞭解、不清楚的事物，都會感到擔心害怕。這就是無法專心的原因之一。

日文有句諺語說：「幽霊の正体見たり枯れ尾花」，意指以為是可怕的幽靈，仔細一看，原來不過只是枯萎的芒草。**「瞭解」可以趕走擔心和害怕**。這是邁向專注的第一步。這句諺語就是最容易理解的例子。

那麼，如果以工作來說，必須瞭解什麼呢？答案是以下三件事：

① **工作的**性質和分量
② **具體來說**現在應該做什麼
③ 自己擱置了多少工作沒做

只要知道這三件事，就不會再胡思亂想。自己想像出來的工作幽靈，頓時便會消失不見。

　　有了作業流程表，自然就能清楚掌握這三件事，體會到**工作完全在自己掌控之下的感覺**。

　　一旦有了這種感覺，頓時會覺得鬆了一口氣。

　　如此一來便能放鬆心情專注在工作上，再也不會分心了。

■ 想像所有工作都在掌控中

　　想像所有工作都在自己的掌控中。神奇的是，一旦這麼做，自然能夠專注在工作上。千萬別讓工作左右你了。

工作都在掌控中

請教上司
出差的準備
調整行程
整理資料

POINT
控制工作的人是你

沒辦法專心

建立固定的工作儀式，使心情放鬆

提升專注力的方法之一，就是放鬆心情。

放鬆不是只有什麼都不做，窩在沙發上守著電視吃東西。放下身體的緊張和焦慮，用自在的心情迎接任何挑戰，也算是一種放鬆。

據說前職業棒球選手鈴木一朗每天早上一定要吃咖哩，就連走進打擊區前也有固定的動作。這些就像是**放鬆心情、提升專注力的一連串儀式**。

各位也可以建立**自己個人（工作時）的固定儀式**，說不定就能達到放鬆心情、提升專注力的效果。

以我（小鳥遊）來說，我的固定儀式就是把完成的工作從清單上刪除，並安排新的工作進度。
固定儀式可以讓我忘記工作的緊張，是最放鬆的時刻。

為「自己已經完成這麼多工作！」感到自豪；為「接下來要做的事情都已經全部安排在流程表中」感到放心。這種自豪和放心的感覺，能夠幫助我全心全意專注在接下來的每一項挑戰。

各位一定也要試試這種方法，將最能放鬆心情的事情，當成固定儀式放進工作裡。

■ 固定儀式的好選擇

在工作或空檔的休息時間，
不妨可以做一些適合自己的儀式。
不僅可以轉換心情，也會讓自己更放鬆。

喝咖啡

吃甜食

散步

做伸展運動

點精油

瀏覽療癒放鬆
的照片

POINT
放鬆是提升專注力的第一步

心思飄到其他工作上

讓自己眼中只有眼前的你（工作）

假設在人來人往的車站剪票口前，有兩個深情相望的人。這時候對他們來說，肯定完全無視身邊的人，眼中「只有對方」。

就某種意義上來說，工作時如果也可以做到這種「眼裡只有你」的狀態，應該就能全心全意專注在工作上了。

要全心全意專注在一件工作上，必須具備以下幾點：

- 所做的事情要具體而明確
- 自認為可以勝任得了
- 環境必須要能夠專心

舉例來說，假設正在為新品企劃準備內部簡報。工作流程大致如下：

新品企劃簡報
1. 歸納出新商品的三項優勢
2. 整理成簡報檔案
3. 在會議上報告

首先當然是從「歸納出新商品的三項優勢」開始。

只不過，一想到自己不知道會不會做簡報檔？簡報當天不曉得會不會順利？才沒多久時間，專注力便瞬間瓦解，心思全部飄向眼前的工作以外去了。

為避免這種情況，各位必須**刻意讓自己眼裡只有當下該做的事情**。方法有很多。

例如，拿一張大的便條紙，寫上「歸納出新商品的三項優勢」，貼在看得見的地方。用手寫也沒關係。

或者也可以在Word寫上大大的「歸納出新商品的三項優勢」，然後設定成電腦桌面。

總之就是讓自己眼前看到的只有當下該做的事情。

下次如果無法專心的時候，請務必要試試這個方法，可千萬別分心去想後續的進度或其他工作了。

■ 為專心一件事做準備

① 寫在便條紙上，貼在看得見的地方

② 讓身邊的人知道你正在做什麼

③ 反覆提醒自己

POINT
隨時專心在一件事就好

我只要全心投入可是很厲害的呢！ 109

容易受噪音干擾

稍微換個環境試試看

各位是不是也會一不小心就被身邊聊天的聲音或噪音給吸引而分心了呢？

為員工打造一個能夠專心工作的環境，這當然是公司的責任。只不過，**在既有的環境下生存**，到頭來都是今後每個人必須具備的能力。

以講電話為例。

有時候電話那頭的聲音，或身邊的人講話的聲音，都會讓人注意力被分散。

講電話的時候，如果身邊太吵，例如「這個要怎麼做……」「那個就是……」「什麼？我聽不到！」「我是說……」，我（小鳥遊）會毫不客氣地用手指堵住另一邊的耳朵。

會這麼做是因為，我事前已經告知大家「如果我講電話時聽不清楚電話那頭的聲音，就會把耳朵堵住」。

這雖然只是一件小事，但能不能做得到，結果大不相同。

除此之外也有其他方法可以讓自己專心。

例如另外找間會議室，換個地方獨自安靜工作。或者也可以和同事一起討論。

此外，反過來利用吵雜的環境，把自己的想法小聲地唸出來，反而可以提升專注力。也有人會把資料列印出來邊讀邊檢查。

或是改做不需要思考、簡單的事情，也是不錯的方法。

如果這些都沒辦法專心，直接放棄也是一個辦法。上個洗手間休息一下，或是去買杯咖啡，轉換一下心情，也可以幫助提升專注力。

　　人並非天生就具備自由操控專注力的能力，因此不妨多花點心思，想辦法為自己打造可以輕鬆進入專注狀態的環境。

■ 阻絕噪音干擾大作戰

根據每家公司的狀況不同，容許的程度各有差異。

各位可以從做得到的開始嘗試。或是請教自己信得過的人也行。

戴耳塞　　　　戴耳機　　　　講電話時用手指堵住另一邊耳朵

換個地方　　　唸出聲音　　　改做不需要思考的事

POINT
很遺憾的，噪音干擾永遠不可能消失

好想維持專注力

給正在工作的自己來場實況轉播

以前念書的時候，不管身邊同學再怎麼吵鬧或聊天說話，我就像戴上高功能除噪器一樣，眼裡始終只有喜歡的人。

但是，工作就很難找到這種可以讓自己一直專注的對象。不過還是有辦法可以練習自動啟動除噪功能，那就是**實況轉播自己正在做的事**。

「喔！小鳥遊選手現在打開洗手間的門了！」
「就在這時候，準備要進入辦公室。」
「出現了！可怕的回信！現在接下來就要跟對方下訂單了。」
「小鳥遊選手現在站了起來，準備要喊暫停休息一下。」

當播台司儀說到「選手現在抓住播台上的繩索」，聽眾的注意力自然會跟著轉移到抓住繩索的手。

工作也是一樣，可以試著**把自己正在做的事，轉換成語言說出來，提高自己的注意力**。

雖然不需要真的跟播台司儀一樣，但如果可以在腦海裡來一場實況轉播，例如「把開打開了」、「正走向自己的位子」、「現在正在看信」等，對於專注在自己當下正在做的事情來說，會是個很好的練習方法。

■ 專注力練習

人很容易分心,這是沒辦法控制的事。當自己快要分心的時候,可以試著在心裡告訴自己「我現在正在○○」。

POINT
把注意力擺在「現在」

自己什麼時候最專心？

瞭解自己專心的時間點

我（小鳥遊）專注力最好的時候是在「早上」。

所以一些需要思考或容易犯錯的事情，或是想專心的時候，我都會選擇在早上進行。

據說一般人也都是早上的專注力最好，但應該也有不少人是「早上整個人都無精打采的」，或是「到了下午精神會莫名地變得特別好」。

每個人專心的時間點都不一樣。

各位在一天當中如果覺得「現在精神很好！」，就可以把以下幾點記錄下來：

● 時間點
● 地點
● 正在做什麼
● 心情

透過記錄，可以進一步瞭解自己專注力的生理節奏。

只要配合這個生理節奏去調整工作的內容和順序，專注力自然會跟著提升，非常神奇。

我知道最專心的時候，是上班之前在公司一樓大廳的咖啡廳喝咖啡的這段時間。

以前每天一進到公司，我就會反射性地開始忙著應付主管接連不斷交代下來的工作、忍不住在意的工作或簡單容易的工作等。

結果造成一些需要思考和容易犯錯的工作，只能不斷往後順延。

到最後，到了已經筋疲力盡的傍晚時刻，才開始處理最需要專心的工作。這根本就是把自己丟到最容易犯錯的陷阱裡，更別說後續還得花時間彌補錯誤。

就這樣，我漸漸每天過度加班。

現在，我每天都會配合自己專注力最好的時間點調配工作，絕不勉強自己。或許是因為這個緣故，以前加班算正常的我，現在幾乎每天都能準時下班回家。

各位如果覺得工作不順利、不知如何是好，**不妨留意一下自己的專注力高峰是什麼時候。**

說不定只要稍微調整工作的順序，一切就能慢慢步上軌道。

```
POINT
你的專注力高峰是什麼時候呢？
```

過度專注導致疲累

▼

建立強制暫停過度專注的機制

太專心在某件事情上，會導致無心做其他事情，有時候甚至還會過於專注到廢寢忘食的地步。

像這樣經過過度專注之後，一定會感到筋疲力盡，甚至造成身體狀況出問題。像我（小鳥遊）就會這樣。

老實說，**要控制自己別太專心其實很難**。既然如此，建議乾脆找個方法，在自己過度專心時強制暫停。

・

我在就業支援事務所每週都有一堂的講師課程，有時候去上課時，那裡的員工會問我累不累。

被這麼一問，我才會驚覺「對耶，我好累喔！」。像這樣**透過他人來暫停自己的專注**，也是一種辦法。

如果要靠自己，有個方法叫做「番茄鐘工作法」──設定好計時器，以「專心25分鐘，然後休息5分鐘」的方式反覆循環，透過計時器來強制中斷專注的狀態。

此外，細分作業流程也是個不錯的方法。例如把兩個小時的工作，以十五分鐘為單位細分成許多步驟。完成一個步驟會讓人有告一段落的感覺，自然就會停下來休息。

一般來說，能夠專心當然是件好事。沒辦法專心的人，說不定還會羨慕有人可以過度專注呢。

專心到眼中只有工作，也是一種困擾

只不過，不管做任何事情，都不能過度專注。一旦突然從過度專注的緊繃狀態放鬆下來，有時反而會導致身體狀況出現問題或精神疲憊。因此強烈建議各位最好透過外力來強制中斷過度專注的狀態。

■ 找人來打斷自己

過度專注對身心都會造成疲憊。建議可以找人來給自己按下暫停鍵。就算覺得自己還可以撐下去，但其實說不定身體已經發出哀號了。

你差不多該休息了吧？

POINT
極度專注是把雙刃刀

計程車

明明搭電車只要幾百圓，不過有段時期我卻經常花上萬圓搭計程車回家。

當時我的通勤路線必須在新宿和澀谷兩個大站轉乘。我實在無法忍受擁擠的人潮，早上姑且還可以，晚上下班就真的沒辦法了。

這說不定是因為那時候內心的疲憊已經開始慢慢累積。現在回想起來，那應該是身體發出的警訊吧。只不過，當時我滿腦子只有眼前堆積如山的工作，其次才會想到自己的健康。

就在那個時候，我開始出現「繼發性疾病」。可能是因為本身的發展障礙所致，一些一般來說都做得到的事情，我卻完全辦不到，造成在工作上不斷受到負面評價，最後引發憂鬱症狀。其中之一，就是正常判斷下不應該會做的「搭計程車回家」。

雖然覺得自己還可以做出正常判斷，不過其實在某些時候，我已經漸漸失去判斷力了。就連在搭計程車回家的路上，我也只想到「自己工作這麼認真，這點犒賞也是應該的」。

失去正常判斷力的過程，出乎意料地理所當然，導致我完全沒有察覺。即便是現在，還是非常有可能會再重演過去發生的事，所以我隨時都會提醒自己小心。

CHAPTER 7

不會

整理收拾

勇士的桌子今天依舊亂得像垃圾堆。
. . . . . .
桌子就快變身為雜亂怪了！

▼

為什麼不會整理、收拾？

　　我（F太）的桌上總是散亂著一大堆東西，耳塞、零食包裝、眼鏡布等到處亂放。儘管我一直想要一張乾淨整齊的桌子，還買了各種收納整理的書來看，不過很遺憾的，我的桌子依舊是亂七八糟。

　　雖然如此，但是我現在並不覺得整理和收拾有多困難。
　　在說明原因之前，我想先請各位想想，為什麼東西會隨處亂放、雜亂無章呢？

　　請各位想像一下。
　　桌上擺著「上一次開會發下來的資料」。雖然應該可以丟了，但是又擔心萬一之後用得上，只好先留下來。那麼是要收在抽屜裡嗎？可是抽屜亂七八糟的，還得先整理乾淨才行……

　　這時候各位應該會覺得「現在就要整理，好麻煩唷……」。

　　「現在還有其他事要做，等一下再來想辦法好了，資料就先這樣擱著吧。」
　　東西之所以會到處亂放，原因就是不斷出現這種「等一下再想辦法」的念頭。如果可以想到就稍微整理一下，不找藉口拖延，東西應該就不會再隨處亂放了。

只不過，雖然明白這個道理，但我就是沒辦法東西用完馬上物歸原位。剪刀用完擺著沒收，看過的書隨便亂放，簡直就是拖延大集合。

最後我放棄了，因為我沒有辦法改變想法，強迫自己「東西用完馬上收拾」。

從那之後，我放棄要求自己用完東西馬上收拾，而是**每天設定一個時間為「整理時間」，養成固定收拾的習慣**。

我告訴自己，每天花五分鐘的時間整理東西。

或是每天收拾桌上的五樣東西。

只要做到這樣，就算達成目標。

每個人對於「拖延整理」都會有罪惡感。

但如果可以隨手稍微整理一下，再怎麼亂七八糟的桌子，也會變成「有整理過的樣子」，多少也能消除一點心裡的罪惡感。

在這一章所要介紹的工作術，只要每天花一點時間就能做到，不需要特地找時間去做。各位可以慢慢嘗試，擺脫「不整理不行了……」的罪惡感，體會「開始整理」的自由。

覺得自己很不會整理收拾

動手整理之前，先在腦海裡整理一遍

我（小鳥遊）從小就很不擅長整理東西，小學時還曾經在學校的桌子裡發現一隻襪子。

儘管如此，現在的我，公司的辦公桌永遠都是整齊乾淨。這並不是因為人長大之後會突然一百八十度大轉變。

證據之一就是，直到現在只要稍微一懶散，我家的房間就會亂得跟垃圾堆一樣……好幾天前喝完的寶特瓶茶飲，就這樣連蓋子也沒蓋，直接擺在桌上。到底為什麼會差這麼多呢？

其實，以前我的辦公桌也是亂七八糟的。但是自從開始制定作業流程之後，桌上的東西就跟著愈來愈少了。

雖然沒有任何科學根據，不過我想「大腦」和「物品的整齊程度」應該是相關聯的吧。也就是說：

在大腦裡，工作安排得井然有序
　↓
工作環境自然變得乾淨整齊

我想兩者之間應該存在著這樣的關聯性。

換言之，辦公桌可以說就是大腦狀態的反射。**如果覺得「桌子亂七八糟的」，或許就表示該是整頓大腦的時候了。**

不是看到桌子太亂就急著整理，可以試著先安排作業流程，從大腦開始整理起。這麼做會意外地進展得更順利唷。

■ 先從大腦開始整理吧

先整頓大腦思緒，接著自然會知道「哪些東西必要，什麼不必要」、「東西該擺在哪裡、收在哪裡」。

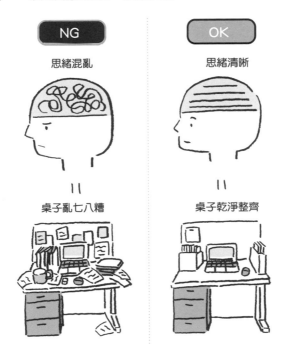

POINT
大腦和辦公桌有連動關係

想到要整理就覺得麻煩

給自己製造一點期待

　　事情期待愈久會愈想做，這是人的心理特性。雖然跟工作無關，不過我（小鳥遊）就是利用這種心理，學會跟大家一樣整理東西。

　　在我的房間裡可以看到以下這些東西：

● 本書的書稿影本（兩個月前，現在已經沒有了）
● 昨天吃完的冰棒棍和包裝袋
● 不知道是什麼的金屬零件
● 鐘面朝向牆壁、看不見時間的鬧鐘
● 佈滿灰塵的青竹踏（譯註：足底按摩器）
● 大碗拉麵免費兌換券

　　這些東西只要「丟掉」、「收好」或是「改變方向和位置」，事情一下子就解決了。只不過根據經驗，我實在不建議大家一口氣把東西全部整理乾淨。

　　這是因為人一旦一鼓作氣卯起來打掃，就會覺得「既然已經努力過了，接下來暫時不打掃也沒關係」（心理學上稱為「道德許可效應」）。

　　所以，這時候就要利用「期待」的心理。也就是**刻意一次只收拾一樣東西**，例如「只」把吃完的冰棒棍丟到垃圾桶。這時候一定會覺得還可以再繼續整理，但一定要忍住。這麼一來，隔

天就會想稍微再動手整理一下。透過這樣「每天只整理一樣東西」，就算是原本髒亂的房間，也會慢慢變得愈來愈整齊。

　　我用同樣的方法整理公司的辦公桌，神奇的是，桌子竟然也漸漸變得愈來愈乾淨了。現在我雖然還是不喜歡「整理」，但藉由這個方法，至少已經可以做到最基本的整理了。

■ 不必一次全部整理好

雖然還想繼續整理，不過還是留待明天再做吧。

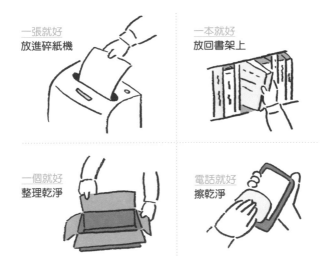

一張就好
放進碎紙機

一本就好
放回書架上

一個就好
整理乾淨

電話就好
擦乾淨

POINT
試著一次整理「一樣東西」就好

忍不住拿自己的桌子去跟別人乾淨整齊的桌子做比較　｜　125

公事包裡總是亂七八糟

當個「公事包檢查員」

各位的公事包是不是也會在不知不覺中變得亂七八糟的呢?

隨手亂塞的發票,忘了寄出的明信片,融化的糖果、巧克力等零食……我(小鳥遊)的公事包裡無時無刻都塞滿許多東西。

懂得整理的人,不知為何公事包總是顯得十分輕薄。

反觀不會整理的我,從以前就一直很納悶:「為什麼我的公事包總是鼓鼓的?」公事包當然不會自己變得鼓鼓的,一切都是我自己在**無意間把所有東西全往裡頭塞造成的**。

如今我每天用的公事包,已經不會再滿滿一大包了。

我只注意一件事,就是隨時當個公事包檢查員。

也就是檢查放進公事包裡的東西**「是否真的有必要?」**。

如果在公事包裡發現買東西的發票,我會提醒自己「回到家要馬上拿出來」。

如果發現有明信片,會先放到口袋裡,方便經過郵筒時直接投遞。

如果發現零食,要不就丟掉,不然就是直接吃掉。

當然,偶爾還是會忘了拿出來,或是忘了投遞、忘了丟掉。

但真正重要的是,養成習慣隨時留意當下公事包裡放了哪些東西,學會別把「不應該出現在公事包裡」的東西往裡頭塞。

■ 這些真的有必要放進公事包裡嗎？

在把東西放到公事包之前，先停下來認真想想，即便只有一秒也好。一開始或許很難，不過漸漸地就不會再因為擔心而把東西往裡頭塞了。

NG

「不管什麼東西，全部都往公事包裡塞！」就是邁向雜亂的第一步。

OK

—— 思考「這個真的有必要嗎？」養成判斷力。

POINT

要知道，自己的公事包不是哆啦A夢的百寶袋

不擅長文件和資料分類

善用「其他」資料夾

「把文件和資料做好分類，妥善管理。」

這話說來簡單，但是我發現做事愈認真的人，愈容易在努力之後遭遇挫折。

以前我（小鳥遊）會要求自己「把所有文件資料依照類別，存放在不同名稱的資料夾裡」。

可是，每當出現不適合放入現有資料夾的東西時，我就不知道該怎麼辦，最後乾脆放棄整理。

舉例來說，假設電腦裡有個「askul辦公用品訂單」的資料夾。公司平時都是向askul購買辦公室用品，但偶爾也會在Amazon或MonotaRO購買。

在Amazon和MonotaRO購買辦公室用品

把訂購資料存放在「askul辦公用品訂單」的資料夾裡……

名稱不符，不能存放在這個資料夾！怎麼辦？

不知所措！

假設另外新增「Amazon」和「MonotaRO」的資料夾，依照這種方式，不斷新增的資料夾只會愈來愈雜亂。

遇到這種情況，特別是在做資料分類的時候，最好的辦法就是**善用「其他」資料夾來存放無法分類的資料**。

　　新增一個「其他辦公室用品訂單」的資料夾，將「Amazon」和「MonotaRO」的訂單全部存放在裡頭。

　　各位可能會認為這麼一來，「其他」資料夾裡頭的資料就無法分類了。

　　不要緊的。

　　倒不如說，「其他」資料夾就是為了容許雜亂而存在。如果要找裡頭的資料，只要**在資料夾內進行搜尋**就行了。方法請上網搜尋「資料夾內搜尋」。

　　別再想著要把所有文件和資料都做妥善的分類了，新增一個「其他」資料夾，好好地運用吧。這麼做反而會讓整理資料變得更快、更方便。

POINT
別奢望做到「完美」的分類

一不小心東西就亂七八糟

▼

多加一個「收好，關掉」的步驟

東西零亂的人都有一個共通點。

就是少了「東西拿出來→使用→收好（丟掉）」當中的「收好」的步驟。

或是少了「開啟檔案→使用→關閉」當中的「關閉」的步驟。

換言之就是**拿出來之後沒有收**。

我（小鳥遊）在使用電腦的時候，經常會不自覺地同時開了好幾個視窗和Excel檔案。

我想這一定是因為自己習慣檔案用完沒有關掉，接著又馬上做別的事情。

問題在於，我**以為「使用完」，事情就算結束了**。事實上，就像Keroro曾經說過的：「玩到回家說『我回來了』之前，都算是遠足。」「把用完的東西收好」、「把打開的檔案關掉」，才叫做事情結束。

各位可以試著多加一個「（東西用完）收好」、「關閉（檔案）」的步驟，隨時提醒自己做到「收好，關掉」。

這麼一來就不會再發生東西用完沒收、又接著做下一件事情的情況了。

■ 在做下一件事情之前

在進行主要作業時多加一個「收好，關閉」的步驟。
只要一個小動作，結果大不同。

上網搜尋
+
關閉視窗

整理資料
+
儲存並關閉檔案

瀏覽文件
+
丟掉，
或是掃描成PDF檔

會議結束
+
關閉電源，
關門

POINT
東西都確實關閉了嗎？

捨不得丟掉東西

制定丟棄的判斷標準

以前我（小鳥遊）總是捨不得丟掉東西。每當要丟掉東西，內心都會上演這麼一齣掙扎的戲碼：

「這個到底要留著、還是丟掉呢？」
　　↓
苦惱不知道怎麼判斷東西該不該丟
　　↓
「總覺得好像應該留著……」
　　↓
暫時不丟，結果東西愈堆愈多
　　↓
「唉……」

說到底，全部丟掉就什麼問題都解決了。只不過，事情並不能這麼做。

所以，不妨抱著「想辦法看看能不能丟掉」的態度來應對。

這個時候，**是否具備「丟／不丟」的判斷標準**，就變得非常重要，而不是能力或有沒有努力的問題。

為了避免不時出現的感情用事，首先必須先**制定自己的判斷標準**。

以我為例：

① 眼前的東西或文件，跟手邊正在進行的工作是否有關？

　　YES → 往②

　　NO → 如果是公司裡大家共用的東西，就放回原本的位置。
不是就丟掉。

　　認為「說不定哪一天會用到……」的東西，我多半會丟掉。因
為根據經驗，那個「哪一天」大多不會出現。

② 公司裡是否也有同樣的東西？

　　YES → 丟掉。

　　NO → 往③

例如受他人委託整理的資料，一旦完成、給對方之後，馬上就把檔案從自己的電
腦或資料夾裡刪除。因為同樣的資料，寄件匣裡已經有留存。

③ 是否為電腦檔案？或者是否可以檔案化（PDF）？

　　YES → 儲存在共用資料夾或雲端。

　　NO → 往④

如果收到紙本資料，我會盡可能掃描成檔案儲存。原來的紙本就還給對方，或是
確認對方不需要之後，直接用碎紙機絞碎。

④ 是否能存放在公司的櫃子裡？

　　YES → 放在公司的櫃子裡。

　　NO → （真的沒辦法）放在自己的桌上或抽屜裡。

　　各位就把自己**當成是個機器人，根據判斷標準來決定該怎**
麼做吧。

POINT
抱著「可以的話真想全部丟掉」的心情來判斷

小鳥遊的失敗經驗談

文件高塔

　　我很不擅長整理東西，即便是現在，我還是會隨時提醒自己桌上別放太多東西。桌上那堆來不及整理、已經堆積成一座高塔的文件，可以說簡直是我內心最大的陰影。

　　從成堆的高塔中翻找文件，都會讓我想起過去痛苦的回憶，因為以前每次被主管問到工作是不是沒有做，我就會像這樣不斷在文件堆裡翻找。

　　「到底在哪裡？快點出來啊！」「不對，拜託別找到啊！」抱著這種複雜的心情──翻找確認，結果很遺憾的，果然在文件堆裡找到那已經超過截止期限的工作……

　　對我來說，翻找文件就像「巴夫洛夫的狗實驗」，腦中會同時閃過這兩種複雜矛盾的念頭。雖然事情已經過許久，內心的陰影幾乎不再，但每次翻找文件時，還是會突然想起。

　　當然，就算是面對成堆的文件高塔，還是有人可以每天充滿幹勁地工作。只要心理沒有創傷，就某種意義上來說，或許這一點都不成問題。

　　只不過，我的內心沒有那麼堅強。說白了，不過就只是像豆腐一樣軟弱而已。所以為了不再想起那段過去，即便到現在，我還是會盡量小心，不讓文件高塔在我面前築起。

CHAPTER 8

不擅
交際

最可怕的怪物，說不定是人類。
・・・・・・

不擅言詞的勇士，
今天同樣為此頭痛不已……
▼

為什麼會害怕交際？

　　我（F太）以前曾在餐廳打工，那時我老是犯錯，經常被店長和前輩修理。因為害怕被修理，所以我都盡可能地努力假裝親切。只不過這讓我十分痛苦，而且到頭來還是犯錯被修理，根本得不償失。

　　相反地，在其他地方工作的時候，有些人明明個性冷淡乖戾，大家卻認為「別看他那樣，其實是個好人」，給予包容的態度。因為他在工作上的表現非常好。

　　從那之後，我便不得不承認一件事：
　　在工作上，比起交際能力，交出符合期待的成果更重要。

　　此後，每當為了工作上的人際關係或溝通問題煩惱的時候，我都會問自己：
　　「這真的是我交際能力差的關係嗎？」

　　只要這麼想，心情就會比較輕鬆，因為我知道：
　　「與其說是交際能力差，說不定是我說話的方式不對」、「或許問題不是出在交際能力，而是我不會安排？」。

　　鍛鍊交際能力不是一件輕鬆的事，幾乎就像改變個性一樣困難。
　　與其如此，不如當成自己「缺乏目前工作的必備技能」，用這種心態去培養工作技能。這麼做比改變個性簡單多了。

此外，針對人際關係所衍生出的煩惱，都必須分辨清楚是「對方的問題」，還是「自己的問題」。這一點非常重要，心理學家阿德勒將此稱為「課題分離」。

舉例來說，假設有工作上的問題想請教主管，但是對方脾氣暴躁、動不動就生氣，讓你不敢靠近……像這種時候，愛亂發脾氣的主管才是問題所在。

絕對不是不敢發問的你的問題。

工作本來就不需要面對這種不講理的人，看對方的臉色做事。有時候自己必須拿出勇氣採取行動，向更高層的上司或窗口反映問題，或者最終索性離開那樣的工作環境。

我相信，當你能夠清楚區分問題的關鍵所在，專注在自己應該做的事情，自然會有勇氣採取行動。各位或許會覺得這很難，沒錯，我當然也是這麼認為。我們也都經歷過這麼一段努力的過程。

接下來在這一章，我們會根據過去的失敗和經驗，教大家如何鼓起一點勇氣，讓自己在工作上的溝通能力變得更圓滑，改善人際關係。

不知道「不用說也應該知道」的事情

▼

不知道也沒關係

　　首先可以確定的是，「不用說也應該知道」的事情，「不知道也很正常」。因為**工作就是要把事情具體化**。

　　我（小鳥遊）常聽不懂抽象的說話內容，老是誤解對方的意思，直到對方提醒「你搞錯了……」才發覺。

　　所以只要覺得對方說得含糊不明確，我一定會反問對方**「你可以說得具體一點嗎？」**。

　　以在工作上最常出現的「確認」一詞為例。

　　如果對方只簡單說「我把信寄給你了，幫我『確認』一下」，很容易會讓人誤會。

　　「那封信你確認過了嗎？」

　　「嗯，我看過了。」

　　「怎麼樣？」

　　「什麼怎麼樣？你是指……？」

　　「問你有沒有哪裡寫錯或是漏掉的啊！」

　　「抱歉、抱歉！你是要我確認那個嗎？！」

　　這個例子雖然誇張了點，但如果換成是我，一開始就會問清楚「需要我檢查之後回信給你嗎？」。

　　就算可能會被嫌囉嗦，不過還是可以請對方把意思轉化成具體的行為。

以結果來說，這樣就能避免彼此在溝通上造成的誤解。

■ 含糊不明確的說法

說話含糊不明確，是導致問題發生的最大原因。各位可以要求對方具體說明，以求盡可能正確理解對方的意思。

請確認
↓
確認什麼？
什麼時候要回覆？

提早開始
↓
多早？

老地方見
↓
在哪裡？

多一點
↓
多是指多少？

盡早
↓
幾點之前？

週五之前交
↓
要週五還是週四？
如果週五是指到幾點？
凌晨十二點之前？
還是週一上班之前？

好好地、確實地、概略地
↓
做到什麼程度？

把這邊稍微統整一下
↓
「稍微統整一下」指的是什麼？

POINT
隨時留意「對方到底是什麼意思？」

說話沒人聽得懂

將開場白公式化

才剛開始跟主管報告工作，主管的臉色就不知為何變得愈來愈難看。報告到一半，主管就氣得忍不住痛罵：「你到底在說什麼！」

只要發生這種情況，我（小鳥遊）那一整天就會完全不敢接近主管。

對方之所以會生氣，是因為自己說話沒有前提，一下子就直接切入內容。這種說話方式會給對方帶來壓力，因為他得花時間才有辦法掌握談話的重點。

工作上的談話，最多的就是**「報聯相」（報告，聯絡，相談）**。建議大家可以事先準備好「開場白的公式」，當作是進入主題之前的固定用語。

關於○○，我想跟您 ⎰ 報告 ⎱
⎰ 聯絡 ⎱
⎰ 相談 ⎱
請問現在方便嗎？

只要在一開始加上這麼一句，對方就能馬上知道你的談話重點。

至於○○的內容，大概就像是「關於喵喵商事訂購的A商品的出貨」、「關於製作名片」等。比起讓對方在不清楚主題的狀況下聽你說話，一開始先說明談話的主題，聽的人也會比較沒有壓力。

對對方而言，報告和聯絡只需要「聽」，但相談不只要「聽」，還要加上「判斷」，負擔相對更大。

此外，如果一開始已經清楚說明談話主題是關於報聯相的哪一項，有時候就算說到一半變得不清不楚，主管也能幫忙補充。

開場白的公式，只要套入就能完成，非常簡單，而且會讓溝通變得更順暢。大家一定要多加利用。

■ 先想好要怎麼開口說話

NG

「說到這個，對方說不行。」
「田中先生應該沒問題。」
「出狀況了，該怎麼辦？」
「總覺得啊～今天我打電話的時候～業務部長卻突然～」

OK

「我想跟您報告關於貓咪公司的那件案子，您現在方便嗎？」
「關於大熊企劃，我有事想跟您聯絡，請問您現在方便嗎？」
「我想跟您討論關於ONE Corporation的案子，您什麼時間比較方便？」
「我想跟您討論關於業務部長名片製作的那個急件。」

POINT
不管做任何事情，一開始都是最重要的

到最後連我也不知道自己在說些什麼 | 141

不會整理想表達的內容

拿判決書當參考就對了

在傳達上絕對不能出錯的溝通之一，就是官司的判決宣告。

「宣告判決。考量被告的遭遇及困難，本庭不確定是否有酌量之餘地，因此昨日決定，姑且應判其五年徒刑。只不過……嗯，這個嘛……」

假如判決書這麼寫，大家肯定會完全摸不著頭緒，不禁想問到底是有罪還是無罪？如果有罪，刑罰又是什麼？快點講清楚！

判決書的內容分為主文（結論）和理由，一般都是先從結論說起。

例如「主文：○○○（被告）被處有期徒刑五年。理由：○○○（被告）在2020年12月22日～」等。一開始就先直截了當地寫出結論，接著才說明理由。

事實上，面對工作也應該這樣。

例如「**從結論來說**，降低成本並沒有帶來任何效果。因為上個月影印機的使用量為一萬張，符合優惠折扣的門檻，所以價錢從原本的每張七圓變成五圓」。

可以試著先利用上一節介紹的「開場白公式」來開啟談話，接著再用「從結論來說」來開頭。

好不容易抓到主管的空檔，可是要怎麼開口才好？

　　養成習慣用**「從結論來說就是○○，因為○○」**的方式表達，就算沒有特別注意想傳達的內容，也能自然而然整理出「結論」和「原因」，輕易地就達到傳達的目的。

從結論來說

→　事情順利完成了。

→　事情已經可以進行了。

→　對方已經同意了。

→　對方拒絕了。

→　事情的進展並不順利。

→　那已經超出我的能力範圍。

→　我不知道該怎麼辦。

→　我想跟你討論一下關於○○的事。

→　可以請你從這兩個當中做選擇嗎？

POINT

養成習慣用「從結論來說」來說話

說話容易給人不好的印象

說話要懂得讓對方「暫時願意接納」

本意是想認真應對，結果卻給對方留下不好的印象。各位也有這種經驗嗎？

舉例來說，對方拜託你「能不能在明天之前把那個急件完成？」，自己二話不說就直接一口回絕：「不行，我沒辦法喔。」

又例如，被交代要整理部門的業績資料，卻劈哩啪啦地連珠砲發問：「什麼時候要？」「業績資料是指什麼？」「整理完要發給大家嗎？」

單純只是因為覺得辦不到，就直接回絕；因為有疑問，所以就直接發問。可是卻會讓人覺得「真是個怪人」、「問題真多」，給人不好的印象。

因為這樣，所以我通常會**先用肯定的說法來回答**，例如「這樣啊」、「聽起來不錯」、「我知道了」。

「昨天提到要成立公司 YouTube頻道的那件事，這個禮拜可以完成嗎？」

「我知道了，我會盡力趕趕看，不過可能下週一才趕得出來了。」

「突然想到,我覺得應該用更有感情一點的方式來表達。你有什麼想法嗎?」

「聽起來不錯。現在一時之間我也想不到什麼好點子,不過我先來問問目前合作的人力公司窗口了。」

先以肯定的語氣答覆,接著再坦承自己也沒有更好的想法,不過會就目前做得到的去努力。

當然,如果很明顯是不切實際的事情,還是要拒絕。但為了讓對方知道「我不是想反對你,只是想讓討論能夠繼續下去」,一開始最好還是先用肯定的語氣。

■ 用肯定的語氣回覆

這個再麻煩你明天之前完成。	➡	✕ 明天不可能交得出來。 ○ 這樣啊,有些內容需要確認,可以後天再給你嗎?
你覺得如何?	➡	✕ 我覺得不好 ○ 不錯耶。如果這裡再稍微改一下,應該會更好。
那項服務功能已經正式啟用了。	➡	✕ 為什麼? ○ 我知道了。可以請問你原因嗎?

POINT

「這樣啊」、「聽起來不錯耶」、「我知道了」

好像也可以用「喔〜」「是、是」「嗯」回答　　145

誤會對方意思

▼

盡量避免使用「這個、那個、哪個」

使用「這個」、「那個」、「哪個」這類的用詞，很容易會造成工作上的疏失。

舉例來說，假設對方說「之前說的那件事，你聯絡那個人了嗎？」。聽起來沒什麼問題，對吧？

不過，你可能會發現，這句話裡頭完全沒有提到任何具體的人事物。這可能會導致聽的人會錯意，以為是別件事和另一個人。例如：

「啊！有的，我已經跟吉田商事的鈴木先生說過了，邀請他下週一起聚餐。」

「你這個笨蛋！我指的是跟田中營造的高橋先生更改明天拜訪時間的那件事！現在馬上去給我聯絡！」

由於我（小鳥遊）平常就習慣把關於工作的事情全部寫在作業流程表上，所以基本上都能避免這類的犯錯。

例如在行事曆或筆記軟體上，我不會只寫「跟那個人說之前提到的事」。

如果要寫下來當成紀錄，我通常會特別留意「之前提到的事是指什麼？」「那個人是指誰？」，**一定會用具體的訊息來取代曖昧不明的說法**。

盡量避免使用「這個」、「那個」、「哪個」。

在談話中，如果對方用到這些說法，請一定要改成具體的說法，並與對方做確認。

這麼一來便能減少誤解、犯錯和會錯意的發生。

■ 改掉「這個」「那個」「哪個」的說法

這個再拜託你了。

⬇

> 你是指確認資料吧？
> 沒問題，我知道了。

那個取消了。

⬇

> 你是指5月2日的
> 會議取消了，對吧？

那個進行得怎樣了？

⬇

> 關於田中營造的案子，
> 目前進行得很順利。

你知道放在哪裡嗎？

⬇

> 如果你是指各部門的資料，
> 就放在公共資料櫃裡。

POINT

你心裡想的「那個」，和對方想的「那個」，說不定根本不一樣

聊了之後才發現原來自己會錯意了 147

和同事有距離感

▼

分享工作進度，縮短彼此間的距離

雖然知道同事之間的親密程度，不如同學或老家朋友之間的親密度，但還是不太知道該怎麼拉近和同事之間的距離。首先，**當工作確實完成之後，一句開心的「謝謝」**，這樣就算拉近彼此的關係了，不是嗎？

不過，只要自己先敞開心胸，身邊的人便會感受到親近，彼此間的距離會一下子縮短許多。

有一次，我們全體部門一起參加一個教練管理之類的講座。在會中**由主管率先，在所有下屬面前吐露自己遇到的煩惱**。在底下的我也感同身受，因為自己也有同樣的煩惱，感覺和主管似乎變得更親近了。

可是，要在公司吐露自己的內心，還真的有點難呢。

所以，我要推薦給大家的作法是**「分享工作進度」**這種小小的自己披露。

現在手邊的工作是什麼？進行到哪裡了？
打算怎麼進行下去？
接下來打算做什麼？

同事之間彼此分享這些事情，會讓人莫名產生一股共患難的心情，感覺很開心。

問題在於適當的距離感，會因為狀況而出現變化

假設各位也想縮短跟同事之間的距離，不妨可以試著分享自己的工作狀況和進度。光靠這樣，就算不特別做什麼，效果也會差很多喔。

■ 一起分享這些訊息吧

工作的進度狀況
↓
「我這次被指派負責喵喵興業的案子！」

討論工作上遭遇的問題
↓
「關於交貨日期，可以聽聽你的意見嗎？」

問題解決後的狀況分享
↓
「之前交貨的那件事，後來順利解決了！」

幫忙引薦
↓
「要不要我介紹喵喵興業的業務給你認識一下？」

POINT

和他人共享訊息是件開心的事

不知道怎麼閒聊

閒聊就是切換成採訪模式

和同事閒聊總是得聊一些沒有意義又漫無目的的話題，實在不知道怎麼聊下去。想必很多人都有這種困擾吧。

其實，「閒聊」必須觀察對方的喜好臨機應變，隨時切換適當的話題來讓對方繼續往下說。這需要超高難度的技巧，根本只有搞笑藝人才辦得到。

所以，並不是因為話題空洞又漫無目的，所以才不知所措。應該是因為**這實在太困難了**，所以才覺得自己辦不到。

如果真的不知道該怎麼辦，最好的方法就是索性不要聊天。

萬一當時的氣氛讓人免不了必須閒聊幾句，那就試著拿**「請教」當主題吧**。

我（小鳥遊）經常用「你有什麼**推薦的拉麵店**嗎？」來開啟閒聊的話題（拉麵店或咖哩店、甜點店都行）。

採訪的說話方式可以達到以下兩個作用，讓人聊到欲罷不能。

● 對方會盡情地分享資訊，**不必擔心找不到話題。**

● 藉由表現出「謝謝你告訴我這些」，**滿足對方希望受到肯定的感覺。**

會說話的人，就是個善於聆聽的人。

如果覺得自己不懂得和人閒聊，不妨就用「聆聽」和「發問」來取代「說話」。

■ 用採訪的方式和人閒聊

你有什麼推薦的餐廳嗎？

你有什麼推薦的好書嗎？

你知道什麼好用的App嗎？

你覺得現在的工作哪裡吸引你？

你喜歡吉卜力的哪一部電影？

最近有什麼好吃的餐廳嗎？

（幾天後）我有去你之前告訴我的那家餐廳！

之前說過的○○，你覺得如何呢？

POINT

最後別忘了謝謝對方的分享

開完會不知道自己要做什麼

在會議結束前保留分配工作的時間

　　不是有很多上班族都會這樣嗎？開完會後馬上急著找人確認剛剛開會的內容。

　　「欸，飯塚，部長剛說要做全新的徵才網頁，是指他要自己做，對吧？」

　　「不是喔，他是看著你說的，應該是要你做吧？」

　　「什麼？我嗎？要做什麼？」

　　「應該是在公司網站裡多加一頁徵才訊息吧？」

　　「不是啊，這得找人力銀行來做才對啊！」

　　「嗯……不知道部長的想法是什麼呢？」（談話繼續）

　　公司會議大多只是在聽高層的人交代事情，有時候在底下聽的人會因為顧慮而連發問都不敢，結果會後還得互相討論主管到底交代什麼，而且還得不到結論。

　　我（小鳥遊）通常會在會議結束前的五到十分鐘，提出「接下來差不多該來確認一下大家的工作」，把「誰」、「做什麼」、「期限」等做明確的分配，並且在會議後整理成明細發給大家。

　　講到工作，本來就沒有分什麼主管和下屬。如果真的不瞭解對方的意思，最好還是果斷地問清楚。

POINT

在會議結束前把「誰」、「做什麼」、「期限」做明確的分配

話太多

回答「是」或「不是」就好

被主管問到問題或討論工作時，我（小鳥遊）很容易就會說明得太過詳細，把所有相關的事情全都說出來。好幾次，我因為受不了對方的沉默，只好自顧自地說個不停，結果惹得對方氣得大罵「等一下！我現在在思考！」。

原本以為自己不停地說話，對方就不會因為沉默而感到尷尬。可是很多時候，結果不是被罵就是白費工夫。但因為自己覺得是出於一番好意，所以根本無法克制自己不這麼做。

以下是我以前的求職經驗。

當時我投出了兩百五十封履歷，全部都沒被錄取。有些在書面審查就被刷下來，有些則是在面試時不得面試官的緣。現在回想起來，當時為了表現自己，還真的是拚了命呢，什麼都往履歷表裡頭塞，面試時也是說個不停。

後來我決定了，**面試的時候只針對問題回答「是」或「不是」，並且用一句話說明原因就好**。沒想到就這樣連續被三家公司錄取。

如果需要進一步說明，對方自然會主動詢問。就算自己真的很想說，也一定要忍住，先回答「是」或「不是」和理由就好。

POINT
在對方提問之前都不要開口

不善於拜託別人
▼

先討好對方

　　受人歡迎又懂得拜託技巧的人，大家自然都會願意伸出援手。不管在任何職場上，都一定會有這種人。

　　很不擅長拜託別人的我（F太），也曾經嚮往過要成為這樣的人，所以很認真地觀察這些人的哪些行為是自己可以模仿的。最後，我得到以下三個結論。

1. 常把「謝謝」掛在嘴邊

　　這類型的人平常就很常說「謝謝」，會注意到細微的小地方，例如「你幫忙把公司的櫃子整理好了呀？謝謝你！」。也會在當事人快忘記的時候表達感謝，例如「對了，謝謝你之前在會議上支持我，可真是幫了大忙呢！」。

　　原來如此！**大家聽到「謝謝」都會很開心**。經常把「謝謝」掛在嘴邊，這一點我想自己應該也做得到。

2. 不吝給予讚美

　　我還記得聽到對方說「你的文章真的寫得好極了」的時候，簡直開心得不能自已。不只如此，這類型的人也會經常誇獎不在場的人，例如「○○整理的資料是最完美的」。

　　原來如此！**被稱讚會讓人開心**。多多稱讚，這一點我想自己應該也做得到。

3.「因為是你，所以我才拜託」

「你那麼會寫文章，所以我想拜託你跟我一起想關於客訴的文章該怎麼寫。」聽到對方這麼說，我當然沒有辦法拒絕說不要。

一方面讚美對方，同時**表現出「因為是你，所以我才拜託」**的特殊待遇。這種請託的方法實在太厲害了！我絕對要學起來。

懂得如何拜託別人的人，平常就經常把「謝謝」和「讚美」掛在嘴邊，所以當他們有事請託時，對方都會「樂意」幫忙。

不過，一時之間突然要開始學著讚美、說感謝，當然不是件簡單的事。所以，我當時的方法是先從「觀察同事和主管的優點」開始做起。

光是這樣，心情就變得舒暢許多，工作也更順利了。各位務必也要嘗試看看。

POINT
先從觀察身邊的人的「優點」開始

害怕接電話

先專心「聽」就好

害怕接電話的人，應該都是因為不曉得打電話來的人是誰，又是為了什麼打電話來，自己必須在沒有任何心理準備的狀態下跟對方說話，所以才會特別害怕。

根據過去五年以上擔任客服人員、每天不停接電話的經驗，我（F太）發現克服這種內心恐懼的方法就是：什麼都不要說，只要專心「聽」就好。

首先，接電話大致可以分成兩個步驟：

① 正確掌握對方想說的內容
② 回應對方的要求

比起後者，前者更為重要。

毫無誤會、完全正確地聽取對方想表達的內容，並且寫下重點。這個步驟只要能做到九成，任務就算完成了。千萬不能一開始就完全回應對方的要求，這樣會忽略確實聆聽的步驟。

為了正確掌握對方想說的內容，一定要問清楚以下幾個事項：

● 對方的名字（全名）和任職公司的名稱
● 回電的電話號碼

● 要回電給誰（全名）

　用一張小紙條記下這些訊息，貼在電話旁邊提醒自己。

　這麼一來就可以暫時放心了，因為萬一漏掉什麼沒聽清楚，也只要再回電詢問即可。像這樣先讓自己放心下來最重要。

　接下來就只要慢慢、清楚地複誦對方說的內容，專心掌握重點就行了。

　至於如何回應對方的要求，可以等掛掉電話後再來慢慢思考。

POINT
講電話跟對談不一樣

講電話經常出錯

事先準備好劇本台詞

講電話容易發生的錯誤，包括聽過就忘記、聽錯、用錯敬語等用詞上的失誤。

為了避免這些錯誤，我（F太）最重要的秘密武器就是「劇本」。劇本要放在隨手可以拿得到的地方，方便一接起電話，馬上就拿出來使用。另外還要準備便條紙或電腦，方便記錄對方說的話。

關於劇本的內容，大家可以參考下一頁表格。

一旦在電話中**發生錯誤，當場就要修改劇本**。例如，假設覺得無法妥善表達想說的意思，記得一定要重新設定劇本的台詞。

設定好劇本台詞後，請務必唸出來，看看自己能不能流暢地說出台詞。這也可以當成是訓練商務會談的小練習。

在商務會談中，雖然使用敬語非常重要，但就算不太會用敬語也不必過度緊張。身為上班族，自然而然能夠學會必要且正確地遣詞用字。哪裡說錯，就從哪裡改過修正吧。

■ 劇本範例

台詞	注意事項	筆記欄
電話聲響起	慢慢說話！	
感謝您的來電，我是○○公司○○部的窗口○○○。		
○○先生，承蒙您平時的照顧。您說的是○○吧，我知道了，現在馬上就為您確認。不過為了記錄來電，能否方便請您再告訴我您的大名？	務必記下全名	名字
謝謝您。方便再問一次貴公司的名稱嗎？	複誦	公司名稱
回電的號碼就是目前顯示的這支電話嗎？	唸出電話後四碼	電話號碼
謝謝您。關於我們這邊的窗口，就由○○部的○○○來負責，可以嗎？	提到自己公司的人，名字後面不必加上「先生」	負責窗口的名字
不好意思，給您添麻煩了。		
那麼，關於○○……		
		待辦事項
其他還有什麼事嗎？		
我知道了，我會再問負責的○○○。失禮了。		
	等對方先掛掉電話！	

POINT
只要有劇本，任何來電都能應對得宜

所以是要把自己當演員嗎？

不知道怎麼應對客訴電話

抱著被罵的覺悟，等對方冷靜下來

接起電話，是客訴啊……突然間被罵，任誰心理一定都會受到影響。

面對客訴時別想太多，就用最簡單的方法應對吧。根據我（F太）的經驗，方法很簡單，就是**專心聽對方說話，直到對方冷靜下來**。

這世上沒有任何技巧可以讓生氣的人快速冷靜下來，所以必須先讓對方把想說的話說完才行。

即便覺得對方說的有錯，也不需要指正。等到激動的情緒緩和下來之後，對方自然會慢慢接受我方的說詞。

有一點要記住：**別光急著要反駁和逃避責任。**

打斷對方說話，或是「那是因為……」之類的說詞，只會更激怒對方。處理客訴最重要的是讓對方冷靜下來，所以就算要解釋，重點還是要先聽對方的說法。

「這不是我負責的……」，這類像是在逃避責任的說法，無論是對對方或自己同事，聽起來感覺都不是很好。建議可以換成「讓我先確認一下狀況」的說法。

很多時候，面對客訴電話，抱著被罵的覺悟好好應對，對方反而會感受到你真誠的態度，讓應對變得更順利。

處理客訴是每個人的恐懼，而且還會徹底打擊心理。當然也會讓人一時陷入沮喪，甚至影響工作效率。真是辛苦了，記得一定要好好關心自己。

■ 客訴應對範例

> 給您添麻煩了／造成您的不便／還讓您特地打電話／
> 實在非常抱歉

※公司有時會無理地要求員工「在不確定是我們的錯之前，不可以什麼事都先道歉」。上面列的這些說詞，有些是在不承認錯誤的狀況下道歉的說法，可以多加利用。

> 我先確認詳細狀況，之後再回電給您。
> 實在非常抱歉，可以請您給我一點時間確認嗎？

> 等我確認完詳細情況之後，會再跟您說明。在這之前，方便跟您請教一些細節嗎？

※這種說法除了展現誠意，同時也可以從對方身上得到確認狀況所需的訊息和時間。也可以用在遭遇對方連珠砲發問，一時之間回答不出來的情況。

POINT
沒有解決不了的客訴

F 太的彆扭經驗談

自卑感

　　我的工作技巧大多來自學生時期的自卑感，就連在心理學方面具備一定程度的豐富知識，也是因為學生時代的失敗經驗。

　　當時，我的自卑感來自於不知道怎麼跟異性相處。

　　既然如此，能做的就是「累積經驗」。就算可能會覺得很丟臉，還是應該想辦法混進同世代男女生的團體，厚著臉皮拚命找人交談。我應該這麼做才對。

　　然而，不知為何，我卻走向「研究心理分析」的道路。我以為自己之所以不懂得和他人（或者說是異性）相處，是不是因為自己有什麼問題？（希望是有！）這種想法簡直就是中二病。

　　同年紀的大家，雖然各自都懷著不同的煩惱，卻仍然擁有健全的人際關係。而我卻只會窩在圖書館裡，沉迷在佛洛伊德和榮格的世界中，自我感覺良好地往奇怪的方向鑽牛角尖，沉醉在「沒有人瞭解真正的我……」等毫無意義的心情當中。

　　後來經過了十幾年，我才終於承認自己「不過只是在逃避與人建立關係而已」。所以現在，針對過去逃避沒有面對的課題──人際關係，我正在努力練習當中。

CHAPTER 9

心靈

脆弱

嗚嗚嗚～

‧ ‧ ‧ ‧ ‧ ‧

今天勇士的玻璃心又碎滿地了。

▼

為什麼心靈會那麼容易受傷？

我們有時候會因為工作上的挫敗，或是成果不如預期，或是因為同事或主管無意間的一句話而大受打擊、心情沮喪。這種時候，我們會感到焦躁不安，覺得：

「為什麼自己會這麼容易因為這點小事就心情不好、垂頭喪氣的……」
「我不能給大家添麻煩，得趕快重新振作才行……」

在這一章，我們就要為貼心的你，介紹一些有用的工作技巧。

不過，在煩惱這些問題之前，有一點必須要先有認知：**遇到心情低落的時候，應該告訴自己「好好充分休息吧」，而不是「趕快重新振作」。**

每次我（F太）因為不開心的事情傷心難過的時候，都會告訴自己「這就像燒燙傷一樣」。燒燙傷會讓人感覺到一陣一陣的抽痛，導致無法專心做事，也沒辦法好好睡覺。

同樣地，不開心的事也會刺痛人心，使人情緒變得不穩，無法專注在眼前的工作，也沒辦法好好睡覺。

無論是身體上或心靈上的傷痛，療傷都必須乾淨的環境，以及復原所需的營養。還有最重要的——充足的時間。

就算很想重新振作，**心靈的傷痛想要痊癒，都需要時間。**

所以，日後當自己大受打擊、心靈受挫的時候，請一定要記住這一點。

另外還有一點也很重要，就是**煩惱沒有大小之分。**千萬別拿自己的煩惱去和別人比較。

既然如此，**為什麼我們還會「為小事煩惱」呢？其實，那是因為你自己認為那些「只是小事」。**

這可能是因為從小到大我們一直被教育「別為小事煩惱」，或者是曾經看過或聽過別人這麼被教育。

但是，就算覺得只是「小事」，如果已經影響到心情，對你而言，那就是值得好好花時間去撫平的煩惱。

我一直相信，人的心靈就像肌肉，可以透過適當的壓力使它變得更強韌。

我們不需要「把心靈鍛鍊得像鋼鐵一樣堅強」，只不過，當心靈受傷、陷入沮喪的時候，我們要相信「現在正是鍛鍊成長的機會」。給它時間，慢慢等待心靈的復原。

總覺得身體狀況不是很好

練習傾聽身體的聲音

身體不舒服，心情低落。這種時候，**最好的辦法就是好好地睡一覺**。

我（小鳥遊）以前**從來沒有發現過自己身體的疲憊**。因為這種身體的警訊通常都很細微，當人在全神貫注的時候，根本很難發現。以我為例，狀況不好的警訊通常如下：

● 突然變得特別想吃冰和果汁
● 眼睛佈滿血絲
● 下班時刻意繞遠路，避免在人多擁擠的車站換車
● 說話反應變慢
● 經常大笑
● 表情僵硬
● 舌根處出現口瘡

吃著美味的冰淇淋雖然是件開心的事，但對我來說卻是「不要再努力」的危險訊號。因為吃完之後很快地，身體一定會感到放鬆，變得非常想睡覺。

能否察覺身體在日常生活中發出的細微警訊，這就是身體是否能恢復正常，重新調整心情面對工作的重要關鍵。

POINT
把自己「身體狀況不好的警訊」列成清單吧

好心幫忙卻被否定

告訴自己這是「多做的工作」

　　本來不是自己該做的事，但還是幫對方做了。這種行為本身很好，但一想到「奇怪，對方怎麼沒有感謝我？」「自己是不是太多事了？」，心裡就難免會有疙瘩。各位是否也有這種感覺呢？

　　會有這種感覺，表示你在下意識正期待對方有所「回報」。心裡有疙瘩就表示自己「做太多了」。這種時候，只要轉個念頭告訴自己：「我該做的是這個和這個，除此以外都是多做的」，心裡就不會覺得有疙瘩了。

　　以前，當其他部門的同事在推動新企劃時，我會幫對方處理一些作業程序的工作。但我一點都不覺得對方應當要感謝我，因為對我來說，這些只是「多做的工作」。

　　想出手做他人的工作，不妨評估自己所剩的時間和優先順序，**先確定自己可以完成分內工作再說**。畢竟其他都是「多做的」。

　　把這些當成「多做的」工作，心情上頂多只會覺得「我順便先做完了」，也**就不會想要求更多的回報**了。

POINT
抱著「順便做」的心態去做

因為間接被提醒而沮喪

別在意「間接被提醒」

「○○○說你……」
各位也曾經像這樣間接聽到別人對你的評語嗎？

如果是批評和提醒，心情難免會不好受，覺得：
「為什麼不當面告訴我？」
「其他是不是還有說我什麼？」

通常這種時候，我（小鳥遊）會告訴自己「會這麼想也沒辦法」，**姑且先接受心裡的不舒服**。接著我會這麼想：

① 別在意「間接得知」這件事
之所以心裡覺得不舒服，我認為很大的原因是因為「對方不是當面跟自己說」。所以，這時候可以試著暫時先把焦點擺在「當面或間接說」以外的地方。
對方之所以沒有當面說的原因：
　　．或許是因為不想破壞彼此的關係
　　．或許是因為對方覺得這沒什麼大不了的
　　．或許是其他人把話傳得太誇張了
批評和提醒有時候也可能單純只是出於嫉妒，或是因為你讓對方失望。總之，請別太在意「間接被批評」這件事。

② 自我檢視對方所說的內容是否正確
針對被提醒的事情，如果自己覺得「確實是這樣……」，即便只是小小的努力，一定要想辦法修正。

這麼做可以讓心裡稍微變得舒坦些，覺得「自己有在努力」，不會因此影響到心情。

至於是不是已經完全做到這兩點，老實說，我還正在練習中。

當然，如果對方說的很明顯只是惡意毀謗或與事實不符，有時候就必須和當事人直接對話。

總之要切記，勉強壓抑自己的情緒是很難的一件事，而且人也**沒有辦法改變他人和已經發生的事情。能夠改變的，只有自己。**

■ 間接被提醒的時候

 「高橋！聽說你經常遲到」
↓
「對不起……」
（為什麼不直接當面跟我說）
（說不定另外還有說我什麼）

 「高橋！聽說你經常遲到」
↓
「對不起……」
（確實我最近常常睡過頭，得多注意才行！）

POINT
別在意，反正都只是聽說罷了

看到別人被罵，自己的心情也跟著受到影響

當成在看熱血電影就好

有句話叫做「精神喊話」。

但是，言語粗暴或聲音過大的「叱責」，反而會帶來負面影響。

公司裡一旦有人被罵，大家的專注力就會變差。明明被罵的不是自己，心情卻同樣受到影響。

遇到這種狀況，**應該馬上戴上耳塞，或是離開現場。**

但實際上還是很難這麼做吧。

這種時候，不妨就當成是在看熱血電影吧。

我（小鳥遊）是個內心軟弱得像豆腐的人。

十幾年前工作的時候，每次前輩被部長罵，我都會覺得好像自己也被罵一樣，心情跟著受到影響。

可是被罵的前輩卻是一副毫不在乎的樣子。我覺得自己總有一天一定也要像他一樣，擁有鋼鐵般堅強的心靈。

然而，這種「必須鍛鍊自己擁有堅強的心靈」的念頭，其實非常危險。

「看到有人被罵」、「聽到罵人的聲音」
　↓
「心情受到影響」、「垂頭喪氣」

↓
「自己真脆弱」、「必須變得更堅強」

一旦這麼想，就會陷入**永無止境的自我否定迴圈**當中，甚至可能導致憂鬱發生。

給自己豆腐般的脆弱心靈一點肯定吧。

在現今職場中，罵人就只是一種權勢霸凌而已，罵人的一方反而不對。遇到這種情況，用旁觀者的心情看待就好，例如「這演員演起戲來還真是格外投入呢」。

■ 看到有人被罵

只要當成又開始上演熱血電影來看就好。

盡可能別讓自己受到影響。

這次
演得還真
激動

POINT
盡量以客觀的角度看待

當眾被罵覺得自尊心受傷

珍惜自己的自尊心

「雖然實際上自己是真的造成別人的困擾，可是被罵實在好丟臉……」各位也會像這樣無法接受當眾被責罵嗎？既然如此，請一定要記住，當眾發脾氣本身就是不對。**自己的自尊心，大可勇敢守護**。我（小鳥遊）認為會當眾發脾氣的人，在心情上大概可以分成兩大類：

① 被「為對方好」的正義感沖昏頭而忘了大家都在看
② 給其他人一個警戒，潛意識其實是想掌控局面或團體

不管是哪一種，建議都可以先利用以下「道歉並提出對策」的方法來度過當下的場面。重點在於，無論對方再怎麼生氣，一定都要冷靜應對。

● 先道歉

「非常抱歉」

● 提出接下來的對策

「以後我會先準備好○○」

如果是因為一再犯同樣的錯而被罵，可以再加上：

「您從以前就一直提醒，我卻還是一再犯錯，實在非常抱歉。」

「由於突發狀況同時發生，慌亂中忘了您過去的提醒，實在非常抱歉。」

這或許會讓對方改變態度，覺得「自己好像說得太過分了」。

可是，這麼做並不能把當眾發脾氣的行為正當化。

做錯事要怎麼改過，這種事本來就只要個別告知即可。更別說是為了「給其他人一個警戒」而當眾罵人，根本不值一談。面對這種情況，如果可以的話，應該採取行動，用堅決的態度告訴對方，或是找更上層的主管討論。務必記得：自己隨時都能採取這些行動。

■ 即便當眾被罵

當眾被罵會覺得丟臉、自尊心受傷，都是正常的，絕對不是因為你的心靈太脆弱。

感覺好像
被公開
行刑……

看到有人當眾被罵，對一旁的人來說，也會覺得難受和不舒服。就算是為對方好，當眾發脾氣也實在一點好處都沒有。

POINT
如果情況太誇張，建議最好尋求第三者的意見

難以接受不如預期的結果

▼

練習自我肯定

在職場上工作，一定會伴隨而來的是他人的評價。

如果受到質疑，例如「你真的有認真在做事嗎？」，心裡一定不好受。會這樣的人應該不是只有我（小鳥遊）吧。

不管怎麼拚命，就是無法達到公司設定的目標。這當然會讓人陷入沮喪，就算自己已經很努力想被肯定。

不過很可惜的是，努力和結果並不一定會成正比。這種時候，如果可以跳脫薪水和職位高低等職場上的價值觀，**給自己設定評價標準**，就能大幅減少心理上的失落感。

工作本來就**只要自己有盡到努力就好**。如果這樣還是沒辦法達成目標，何不直接放棄，就當作自己的能力尚未足以達成目標。

為此，各位一定要懂得肯定自己，有自信告訴自己「我已經盡力了」。

只不過，**肯定自己比想像中還難，需要多加練習**。建議各位可以試著把自己「努力的行為」說出來或寫下來。例如：

「我比平常更努力微笑打招呼。」
「我可以從容地回答主管的問題，不會再緊張了。」

任何小事都可以。

　　寫出來之後，好好地讚美自己一番。如果可以把讚美也寫下來留作紀錄，那就更棒了。

　　「買高級房車」、「買市中心的房子」等這一類的夢想很難立即實現。不過，只要懂得讚美自己，至少可以讓自己跳脫職場的價值標準，肯定真正的自我。
　　這麼一來，生活也會過得更開心踏實。

■ 給自己一個肯定吧

任何小事都行，給自己多一點讚美吧。如果覺得讚美自己很難，可以試著把焦點擺在和過去的自己比較，而不是和他人比較。

・今天上班沒有遲到
・今天比昨天多談成一個案子
・克服不敢接電話的恐懼了
・能夠笑著跟討厭的人應對了
・終於回覆那封一直不知道怎麼回覆的信件了

POINT
別擔心，你一定可以找到自己值得讚美的地方

受到不合理的對待

告訴自己對方是「情勢所逼」

　　JR東日本鐵道最知名的廣告標語之一是：「一切都是下雪的錯」。這句標語說明了在組織裡工作時非常重要的一個觀念。

　　舉例來說，如果在公司裡受到不合理的對待，這時候就要告訴自己「對方也是不得已的」。這話聽起來雖然只是表面話，但我（小鳥遊）很喜歡這種想法。

　　以前我曾經被調到完全沒有經驗的部門。以一般的標準來說，這樣的工作調動儼然就是「降職」。

　　即便心裡充滿負面想法，覺得「主管肯定是刻意把我調職！」，結果也**只是讓自己的情緒受到干擾。就算知道真相，對任何人也都沒有好處**。說不定對方也是受到來自公司高層的壓力，被夾在中間而痛苦不已。

　　主管不是壞人。這就是「一切都是下雪的錯」的精神。

　　特別是在職場上，本來就有所謂「大人的事情」。一想到對方的行為是因為所處的立場和公司結構使然，不管真相為何，自己的心情也會比較能夠冷靜下來。

POINT
學習「一切都是下雪的錯」的精神

對方傷人的說話方式讓人心好累

▼

微笑面對，並保持距離

各位也會因為對方說話太傷人而覺得受傷嗎？就算對方說的有道理，但話說得太重，還是難免會讓人大受打擊。

遇到這種情況，我（小鳥遊）通常都無法反駁。正因為如此，所以心情會特別沮喪。

這種時候，建議最好的方法就是**以後盡量避免和對方接觸。**如果真的遇上，也要**盡量微笑以對**。

最重要的是，在態度上雖然要給對方留下好印象，卻不是討好對方。因為**對方根本毫不自覺自己的行為太過分**，所以總有一天一定又會被狠狠刺傷。

這種方法不過只是為了減輕自己面對對方的壓力而已。

盡可能和對方保持距離，找些共通的話題簡單應對就好。漸漸地等到對方展現出不同以往的一面，或許他的印象就會慢慢改變。

只不過，如果對方的行為很明顯是職場霸凌，就應該直接向公司報告，而不是自己一個人想辦法應對。

POINT

一切只是為了減輕面對對方的壓力

只有自己被排擠在外

找個公司團體以外的「歸屬」

只有自己被大家排擠在外。

關於這一點，我（小鳥遊）想到過去的一個經驗。

我至今已經有過兩次停職的經驗。

兩次都是因為工作不順利，給自己太大的壓力，導致最後連上班都不敢。

有一次，我結束停職回到公司，轉調到不同於過去的其他部門工作。後來，原本部門的某些人對我的態度就變成**「不正眼對看」**、**「打招呼也不回應」**。

不過，因為我是基於個人原因停職而給同事造成麻煩，所以就某種意義上來說，我想這也算是自作自受吧。

雖說如此，心裡還是很難受。

但還是不影響工作，因為當時我另外找到兩個**歸屬**。

一個是復職後被分配到的部門。

當初結束停職回到工作崗位時，其實我心裡非常不安。因為覺得自己本來就已經給公司造成困擾了，復職後心裡自然也會忐忑不安。沒想到在新的部門，包括部長在內，大家都對我很好。

另一個歸屬是我一直以來的興趣——**社會人士的管弦樂團**。

在那裡，我不是「○○公司的小鳥遊」，而是「吹奏豎笛的小鳥遊」。一切跟職稱或男女老少都沒有關係，我可以很輕鬆自在地做我喜歡的事。

只要能夠找到新的歸屬，就不會有受到排擠的感覺。

　　各位如果覺得最近好像跟大家聊不太起來，有漸漸受到排擠的感覺，不妨也試試這種辦法吧。

■ 找個屬於自己的第三空間

　　除了公司和家庭以外，也給自己找個第三空間（第三個歸屬）吧。知道「自己還有其他夥伴」、「有屬於自己的歸屬」可是非常重要的唷。

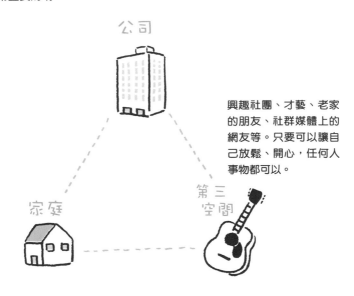

公司

興趣社團、才藝、老家的朋友、社群媒體上的網友等。只要可以讓自己放鬆、開心，任何人事物都可以。

家庭

第三空間

POINT

失去歸屬，再找一個就是

不想被罵

提出「別生氣」的交換條件

「請別對我發脾氣。」

我（小鳥遊）當初在接受現在的公司老闆面試時，曾經說過這麼一句話。我這個人，只要對方一生氣就會無法思考，所以能否保持別惹對方生氣，對我來說是攸關生死的問題。

我本身就有「發展障礙」，被診斷出患有注意力缺乏過動症（ADHD）。

其中注意力缺乏的症狀尤其嚴重，所以在工作上經常出錯，而且**對自己的錯誤容易反應過度**。

我在現在的公司是以身障者的身分被錄取雇用的。

一旦雇用身障者，公司就有義務做到「合理調整」，也就是必須排除身障者帶來的問題，提供身障者一個方便工作的環境。

上述中面試提到的那句「請別對我發脾氣」，就是針對老闆問我「你希望公司為你做哪方面的調整？」所做出的回答。

接著我又說：

「相對地，我會很認真做事。如果有需要改進的地方，希望可以用建議的方式提醒我。」

到現在好幾年過去了，老闆的確遵守了當初所做出的承諾。

要求對方做出調整，相對地，自己也提出可以做到的承諾。這麼一來，對方也會更願意接受要求。

於是就這樣，透過善用作業流程表確實地管理、進行工作，終於讓我換得一個渴求許久的「不會被罵的工作環境」。

■ 同時提出要求與替代方案

提出自己和對方都能接受的條件吧。

> （要求）如果可以稍微減少工作量就好了。
> （替代方案）我會減少需要修正錯誤的次數。

> （要求）如果我在工作上有需要提點的地方，請個別告知我。
> （替代方案）我會仔細聆聽建議，日後運用在工作上。

> （要求）我的能力似乎還有很多地方有待加強，可以讓我把你的提點一個一個寫下來嗎？
> （替代方案）我會針對每個待加強的地方想辦法改善。

> （要求）可以請你一步一步教我怎麼做嗎？
> （替代方案）我會做好筆記，自己慢慢練習。

> （要求）我會受到你的情緒影響，所以可以請你說話的口氣不要太兇嗎？
> （替代方案）我會好好聽你說話……

POINT
找出對自己和公司都有利的辦法

遇到狀況就慌了手腳、不知所措

▼

藉由「這我早就麻痺了！」的咒語，讓自己恢復正常

工作中如果發生狀況，請告訴自己「這我早就麻痺了！」。

只要這麼說，心情上就會覺得**變得無所謂**，就算只有一點點。各位或許會覺得「怎麼可以這麼不負責任！」，不過事實上，這種感覺沒有什麼不對。

反倒是自己一個人悶在心裡才會出問題。

正因為遇到問題卻不讓團隊和部門的同事知道，自己悶在心裡不知如何是好，所以才會不斷往壞的情況猜想，導致整個人垂頭喪氣、沒有活力。

到最後，問題也不想解決，成了一顆不定時炸彈，只能等待它哪一天突然爆發。

這個「這我早就麻痺了！」的說法，是我前主管經常掛在嘴邊的一句話。

我的前主管是個想法難以捉摸的人，下屬有什麼工作上的問題問他，他都會當笑話看待。如果問題出乎意料的嚴重，他也會大笑地說：「啊呀～這我早就麻痺了！」

他的這種態度和說詞，深深影響了我（小鳥遊）。

因為這樣，原本遇到問題很容易就慌了手腳的我，開始學會**把自己和問題分開，暫時冷靜下來思考該怎麼做。**

換言之，「這我早就麻痺了！」的說法，就像是讓自己恢復正常的一句咒語。

大喊「這我早就麻痺了！」。

我已經恢復冷靜了！

　　各位可以找幾個身邊願意為你大喊「這你早就麻痺了！」咒語的夥伴，會讓你更快冷靜下來面對問題。而且在說這句話的時候，自己也會「變得更開心」。

■「這我早就麻痺了！」咒語的運用示範
一旦遇到問題，就在心裡默唸這句咒語，或是試著說出口。

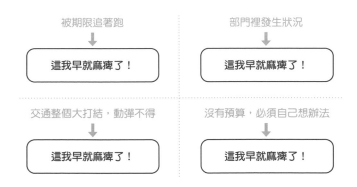

被期限追著跑
↓
這我早就麻痺了！

部門裡發生狀況
↓
這我早就麻痺了！

交通整個大打結，動彈不得
↓
這我早就麻痺了！

沒有預算，必須自己想辦法
↓
這我早就麻痺了！

POINT
就算遇到問題，也要懂得用點幽默感來看待

一直擔心工作，心情無法放鬆

▼

制定作業流程表，下班不帶回家

一般公司原則上工作時間都是八個小時，可是對我（小鳥遊）來說，豈止是八個小時，幾乎是二十四小時都在工作。

就算下了班，心裡也一直在擔心工作，因為覺得下班後的時間像是隔天上班之前的倒數計時。

嚴重的時候還會擔心到睡不著覺，一大清早就醒來，害怕到無法冷靜，直到出門上班。就算到了公司也是心神不寧，根本無法工作。

「今天不知道能不能好好地把手邊的工作完成？」

「我是不是有什麼事情忘記沒做？」

由於不確定自己事情到底有沒有做完，最後只好把工作帶回家，導致根本沒有辦法擺脫擔心害怕的心情。

這種時候，首先應該做的是制定作業流程表，尤其以下兩個步驟更為重要：

STEP1 **列出所有該做的事情**

STEP2 **清楚寫下所有流程**

在第一章提到，制定作業流程表可以幫助自己掌握明確的工作量、預測結果，所以會讓人比較放心。

另外，把作業流程表放在公司不帶回家，可以讓人有「擺脫工作」的感覺。雖然沒有辦法完全不擔心，但至少可以讓大腦放空。

　　各位可以回想以前國高中時，考試最後一天、最後一科考完時那種解脫的心情：

　　「可以把考試範圍全部從大腦裡丟掉了！」
　　「從今天開始可以好好地玩社團了！」
　　「放學後跟同學玩一玩再回家吧！」

　　把所有工作和作業流程列成作業流程表之後的那種大腦放空的感覺，就是像這樣。現在，我幾乎每天都是帶著這種解脫感下班回家。

■ 帶著自由的心情下班回家

今天該做的工作都已經完成，
對明天的工作也已經有心理準備。
這麼一來，自然可以擺脫心裡的不安。

POINT
列出作業流程表，把大腦完全清空

在意別人的想法

專心完成工作最重要

會在意別人眼光的人,特別容易操心。

只要主管不說話,我就會覺得:
「是不是做錯什麼惹他生氣了?」

如果打招呼時對方沒有看我,我就會覺得:
「是不是被討厭了?」

同事開玩笑說「你真沒用欸(笑)」,我就會覺得:
「原來他是這麼看我的……」

我總是像這樣自己胡思亂想、心情沮喪。

不過,後來我學會多少不再看對方臉色做事了。

舉例來說,假設才剛因為其他事情惹得主管不開心,現在又為了要把預算申請書交給事務處,必須急著讓主管蓋章。

這種時候,很容易就會因為擔心「才剛惹他生氣,現在實在不好開口」而拖延了事情。

可是主管沒蓋章,工作就沒辦法完成。

所以,這時候更要把重點擺在完成工作才對。

與其擔心「不想讓他更生氣」或「不想被討厭」,應該**更專心完成工作**。

不管主管再怎麼不開心，也不能不提出申請。

　　所以當下自己應該做的是：

・提交預算申請書，而不是討主管開心。

・讓主管蓋章後交出申請書，完成工作。

　　只要能夠這麼想，就能「完成工作＝達到成果」。

　　有成果自然就會有信心，**從好的方面來說，慢慢地就能夠愈來愈不在意他人的眼光。**

　　最重要的是，承認「自己不可能變得完美而充滿自信」。既然如此，就多多利用這種「專心完成工作」後會慢慢帶來自信的「機制」吧。

POINT

自己還是原本的自己，卻在不自覺中變得不在意他人眼光

F 太的彆扭經驗談

神秘感

　　我從青春期開始，只要一面對異性，就會變得很緊張，沒辦法好好說話。交不到女朋友也讓我感到很自卑。因為覺得被發現沒有女朋友會很丟臉，所以很怕被問到有沒有女朋友。

　　為了避免被問到這種問題，我想到的辦法是「狡兔三窟」。

　　除了學校以外，我給自己找了打工。在學校時就表現出一副「認真打工」的樣子，在打工的地方就假裝是「認真念書的好學生」。因為這麼一來，大家就會覺得「那傢伙從不聊自己的事，一副神秘的樣子，肯定是有女朋友之類的」。

　　從某方面來說，這個辦法相當順利，幾乎不太有人會過問我的交友狀況。

　　只不過有一點我失算了。

　　就是對於我這種跟大家保持距離的人，根本沒有人會想跟我交朋友。到頭來，大家都離我愈來愈遠，別說是女朋友了，我的青春期完全交不到任何一個朋友……

　　順帶一提，這種「狡兔三窟」的方法，由於可以和大家保持適當距離，不需要依附在任何人際關係之下，所以對我現在的工作也非常有幫助。雖然犧牲了青春，不過也換來不少收穫……我是這麼說服自己的。

不擅長

做筆記、寫書信

明明是自己寫的筆記，卻看不懂。

‧‧‧‧‧‧

實在太亂了，連勇士自己也呆住了。

▼

為什麼會害怕做筆記、寫書信呢？

　　坊間有很多書教人如何做筆記、寫書信，所以關於技巧方面，就交由那些書籍來代勞。這裡主要提供一些最好謹記在心的知識，幫助大家減輕對做筆記和寫書信的恐懼。

　　我（F太）經營推特帳號已經有十年以上，每一次發表貼文都必須濃縮在140個字以內。或許是因為這樣的緣故，我學會如何在簡短文章中「傳達想說的事情」和「想傳達的心情」。

　　筆記的作用就是「傳達想說的事情」。既然是筆記，看的人當然就是將來的自己。只不過，千萬不能因為對象是自己就隨便了事。

　　明明是自己寫的筆記，卻看不懂在寫什麼，或是忘了寫下重點。這些都是因為**對自己的記憶力過於自信**的緣故。

　　做筆記時，首先一定要寫下來的是絕對不能聽錯的專有名詞和數字（如電話號碼、金額、日期等）。除了這些之外，其他的只要把記得的關鍵字寫下來就好。

　　接下來才是關鍵。寫好之後要**快速把筆記看過一遍，趁自己還記得的時候寫下來**。

　　換言之，做筆記的步驟就是①先把能寫的寫下來；②趁著還記得，從頭再看過一遍，進一步做補充和整理。只要記住這兩個步驟，尤其一定要做到第二個步驟，筆記就會非常完美。

另外，寫書信當然也要懂得如何「傳達想說的事情」，但因為對象是他人不是自己，所以除此之外還需要知道如何「傳達心情」。

舉例來說，告知對方「希望在〇月〇日之前做出結論」是屬於前者的技巧；表達「很抱歉在百忙之中還添麻煩」的心情，則是屬於後者。

不擅長寫書信的人，大多是因為分不清楚這兩種技巧。
建議大家可以先學好如何「傳達想說的事情」。

學習「傳達心情」需要花時間，就算具備處理客訴的經驗，要透過文章一方面顧慮到對方的心情，又要確實傳達該說的事情，老實說難度非常高。

書信原本是為了正確且迅速傳達必要的訊息，如果非得透過書信傳達難以啟齒的事情，或是對方正在氣頭上等「傳達心情」相對變得重要的情況，或許改變方法放棄寫信，直接面對面對話，效果會比較好。

接下來在這一章，我們將會告訴各位有關做筆記和寫書信的訣竅，以確實達到傳達的目的。

不懂怎麼做筆記

準備好筆記範本

最常需要做筆記的情況就是接電話的時候。容易慌張的人，建議可以事先準備好範本。

我（小鳥遊）通常會準備以下的範本：

> ● ○月○日
> ● ○○○先生（小姐）（公司外部）的來電
> ● 留話給○○○（公司內部）
> ● ① 請告知來電
>   ② 請回電
>   ③ 請確認電郵
>   ④ 請代為傳話
> ● （如需傳話）傳話內容
> ● ○○點○○分

只要在○○填入簡單的重要訊息，再從1～4圈選其中之一，大致就行了，不需要另外貼心再寫什麼。這樣看的人也比較容易懂。

除了接電話，只要是經常需要做筆記的情況，都可以事先把筆記的重點項目整理出來。

例如**被交代工作時的筆記**。以我來說，範本大概是以下這樣：

- 日期（何時交代的？）
- 目的（要做什麼？）
- 委託人（誰交代的？）
- 期限（什麼時候要完成？）

　　筆記時不需要準備完整的格式，只要撕一張紙，快速寫下這四個關鍵項目就行了。

　　如果想把所有訊息全部寫下來，或者視情況寫下這四項以外的訊息，有時反而會漏掉重要訊息，或是懶得再回頭檢查一遍，這樣的筆記反而沒有幫助。

　　事先決定好要寫的項目，其他的訊息一概放棄。各位就請用這種心態來做筆記吧。

事先決定好筆記的項目，
這麼一來就不會手忙腳亂，
可以專心聽對方說話。

POINT
別把所有訊息全部筆記下來

看不懂自己寫的筆記

▼

趁著還看得懂的時候,重新抄寫在適當的地方

回頭看自己寫的筆記,卻怎麼也看不懂。各位如果有這種情況,建議可以試試以下的方法:

① 準備記事本或電子記事本
② 放在可以馬上拿到的地方
③ 每次一寫完筆記,馬上抄寫到適當的地方

寫得亂七八糟或字太醜、寫錯字等都沒關係,**在快速做筆記的情況下,這些都不是重點。**

所謂「適當的地方」,指的是該則筆記的訊息內容所屬的地方。例如:

● 有關書信的筆記→抄寫到信件內容裡
● 有關整理文件的筆記→掃描後儲存在整理文件的資料夾裡
● 有關調動日期的筆記→輸入行事曆中

即便是自己做的筆記,也要當作隔一段時間之後會看不懂。如果筆記只是快速寫下重要的關鍵字,一定要趁著記憶猶新的時候,盡快抄寫到適當的信件或文件上。

筆記只是訊息的臨時儲存所,並不是可以長期存放的倉庫。

我(小鳥遊)通常會把筆記本擺在電腦鍵盤和身體之間的地方,一做完筆記,馬上就抄寫到記事本上,或是掃描成PDF檔,

依照類別儲存在資料夾裡，避免只把訊息寫在筆記本上。

　　看不懂筆記不是因為不會做筆記。只要做筆記時多下一點工夫，就能靈活運用筆記了。

■ 最好盡快抄寫到適當地方的訊息

數字	日期、時間、金額、人數、個數等
地點	集合地點、舉辦地點等
會議紀錄	會議上決定的事情、工作分配等
可作為參考或印象深刻的話	連同說話時的背景等也一併記錄下來，可幫助記憶
靈感	尤其是小小的靈光乍現，很容易就會變得模糊

POINT
筆記最重要的是記憶的新鮮度

來不及做筆記

別客氣，儘管再問一次「結論」、「原因」、「事例」

有些人說話速度快，要邊聽邊做筆記實在很難。懂得速記方法的人倒是另當別論，但這樣的人應該不多。

工作上的對話，**說話者有義務用對方容易理解的方式說話，聽的人則必須聽懂對方的意思**，彼此的地位是對等的。

舉例來說，假設說話者是有二十年工作經驗的職場老手，聽的人是社會新鮮人。這個時候，說話者（職場老手）就有責任把艱澀難懂的事情說得簡單明瞭。相對地，聆聽的新鮮人如果有疑問，就必須提出要求：「我聽不懂你的意思，麻煩請用簡單一點的方式說明。」

如果沒有這麼做，說話者不會發現自己「說話太難懂」。

只不過，在邊聽邊做筆記的情況下，實在很難讓對方知道自己「聽不懂」。這種心情我非常瞭解。所以，這時候我（小鳥遊）會「套用句型提問」。

所謂的「句型」包含以下三個：

● 結論
● 原因
● 事例

如果來不及做筆記，就再問一下對方：

「不好意思，方便再請教一次**結論**嗎？」

「可以請你再說一次**原因**嗎？」

「**例如**像什麼呢？」

各位或許會因為害怕對方嫌麻煩而不敢問。

可是，既然對方有義務說得簡單明瞭，後來我也不會多想，毫不客氣就直接開口問了。

重新提問的時候，有一點要注意。

最後要再加上一句「謝謝」，為好心說明的對方表達尊重和感謝。

這麼一來就能在雙方都開心的狀態下結束對話。

對方說話太快，真的來不及做筆記的時候，不妨直接告訴對方「可以請你稍微講慢一點嗎？」。

POINT
對方也有傳達的義務

不會邊講電話邊做筆記

學會善用「不好意思」的咒語

　　我（小鳥遊）很不擅長邊講電話邊做筆記，一旦對方滔滔不絕說個不停，我就沒辦法同時「聽對方說話」並「做筆記」，不知如何是好。

　　我所屬的管理部門，總機經常會接到來自四面八方的電話。

　　「希望貴公司可以考慮一下我們的商品。」
　　「我不知道應該聯絡哪個窗口，只好打到總機來問。」
　　「現在立刻就給我轉接老闆！」

　　這些意想不到的來電，讓我更害怕接起電話。

　　後來，根據我的經驗，只要做到以下兩點，多少就能冷靜下來好好做筆記。

　　① 大膽再問一次。
　　② 遇到不清楚的問題，可以先暫時保留通話或之後再回電，趁機請教同事。

　　而且，我還發現一句咒語，可以讓自己順利做到以上兩點。

　　那句咒語就是：**「不好意思」**。

「不好意思，方便再請教一次貴公司的名稱嗎？」

「不好意思，我現在就立刻為您做確認，請您稍等一下。」

「不好意思」是一句可以**暫時打斷對方說話**的咒語。

講電話時之所以會太緊張而無法思考，就是因為雖然「很想暫時打斷對方說話」，卻**不知道該用什麼說詞來打斷對方**。

只要學會開口說「不好意思」，就有辦法冷靜應對，也就不會再害怕邊講電話邊做筆記了，各位一定要試試看。

> 不好意思……

→ 方便再請教一次您的大名嗎？

→ 方便再請教一次貴公司的名稱嗎？

→ 請問負責的窗口大名是？

→ 請等一下，讓我拿紙筆做個筆記。

→ 您的聲音聽起來有點遠，可以請您把話筒拿近一點嗎？

→ 可以請您說慢一點嗎？

→ 方便請他回電嗎？

→ 請幫忙傳個話。

POINT

利用咒語掌控對話的節奏

遲遲無法把信寄出去

把「寫信」、「編輯」、「寄出信件」三件事分開

　　有時候信件就是一直沒辦法寄出去，像是修正錯誤或道歉的信，或是有事情要請教平時不敢接近的主管。

　　雖然知道只能硬著頭皮去做，倒不如抱著覺悟速戰速決，但雙手就是動不了。

　　這種時候，不妨可以把寄信分成①寫信；②編輯；③寄出信三個步驟。這麼一來會容易許多。

① 寫信

首先第一步從寫信開始。**不是「寄信」，而是「寫信」。**
先不管最後的目的是要把信寄出去，告訴自己現在是為了整理自己的感覺和想法所寫。寫信的順序大概是：

● 開頭的問候語
● 最後的結尾
● 把要說的事情簡單條列出來
● 將信件儲存在草稿匣

　　這個步驟最重要的是，別讓自己有「一定要把信寄出去」的壓力。

② 編輯

接下來是編輯作業，還沒有要把信寄出去。把寫好的內容看過一遍，告訴自己，這個步驟只是為了要整理文章格式。整理的順序如下：

● 將條列寫成文章
● 修改意思不明的地方
● 修改用詞

　　如果進行得不順利、寫不好，就再把信件再儲存到草稿匣就好！用這種心情去寫會輕鬆許多。

③ 寄出信件

　　最後終於要寄出信件了。到這個階段，內容差不多都已經完成了。抱著「接下來只要按下傳送鍵就行了」的心情做最後一次檢查。順序如下：

● 檢查對方的電子郵件地址是否正確
● 檢查對方的公司名稱及姓名是否正確
● 檢查是否有附加檔案

　　是不是會覺得「都做到這樣了，就把信寄出去吧」呢？
　　就利用這種一旦動手就會想一鼓作氣完成的心理（稱為勞動興奮），按下傳送鍵吧。

　　如果一開始就一直惦記著「非把信寄出去不可」，腦子裡怎麼想都是對方生氣的樣子和態度，最後只會讓人想逃避。但是如果把作業流程分開，每個步驟各有目的，即使是很難寄出去的信件，最後也可以在不斷「總之先……」的狀態下一步一步完成，最後順利把信寄出去。

POINT
「寫信」和「寄出信件」是兩碼子事

寫的信沒人看得懂

▼

先試著用條列式的方法

要說簡單易懂的商業書信寫法,強烈建議各位一定要試試條列式的寫法。

我(小鳥遊)經常會碰到不少「應該可以用條列式」的機會。

例如,針對「A公司、B商店、C商事三家當中,希望能從B商店進貨」做討論的信件。

● **一般的文章**

關於材料的問題,A公司的單價為12,000日圓。B商店的單價雖然是15,000日圓,但透過龜井先生的協調,應該可以降價到9,000日圓。只不過,如果是這個價錢,一次必須採購100個以上才行。另外,C商事一開始開價是10,000日圓,後來經過交涉,降價為9,500日圓。根據之前的實際採購量,每一次的數量都不會低於100個。綜合以上考量,最好的方案是向B商店採購,您覺得如何呢?

嗯～總覺得愈看愈催眠呢。

接下來是將相同的內容,改用條列式方法寫成的文章。

● **條列式寫法**

關於材料的問題，根據以下3家公司的單價比較，最好的方案為第2家。請問您覺得如何？

① A公司 12,000日圓
② B商店 9,000日圓（原本單價15,000日圓）
　※一次必須訂購100個以上。過去每次採購量都在100個以上。
③ C商事 9,500日圓（原本單價10,000日圓）

　這樣是不是就一目瞭然了呢？條列式寫法不只可以讓對方更容易看懂，**自己在寫的過程中，也等於在腦中做了一次整理。**

　不論是對對方或自己，條列式寫法的好處都非常多，大家一定要試試看。

只要稍微花點小工夫，
就能得到這樣的稱讚，
真讓人開心。

這信讀起來

非常簡單易懂呢！

POINT

透過條列式寫法，自己對內容的理解也會更清楚

遲遲等不到回信

▼

參考飛機餐「要牛肉還是雞肉？」的問法

信件寄出去之後，卻遲遲等不到對方回信。各位也遇過這種情況嗎？其實改變寫信方式，也能提高對方回信的機率。

問題可分為「開放式問題」和「封閉式問題」兩種。
開放式指的是對方可自由回答的問題。
封閉式則是提供選項，讓對方從中做選擇。

搭飛機點餐時經常會被問到「請問要牛肉還是雞肉？」。要牛肉還是雞肉，問題相當簡單明確。航空公司為了提供乘客舒適的服務，大多會採取封閉式問題。

這是因為，**最不會給對方帶來麻煩的提問方式，就是封閉式問題**。

相反地，如果是開放式問題，例如「請問您飛機餐想吃點什麼呢？」，結果又會是如何呢？可能會很開心可以自由選擇，可是卻回答不出來。

如果在書信中使用開放式問題，由於對方看不到人，很容易會變成「待會再慢慢做決定好了」。這就是你遲遲等不到回信的原因之一。

因此，各位在寫信時，務必使用讓對方覺得「這應該可以馬上做出決定」的封閉式問題。

只要讓對方覺得很容易回覆，對你而言，做起事來也會愈來愈順利。

■ 用封閉式問題來寫信

問題愈容易回答，對方回信的機率就愈高。

記得用讓對方只要回答「好或不好」或「做選擇」的提問方式，或是「選項明確」的方式來寫信。

您覺得如何？	→	我想用○○的方式進行，可以嗎？
哪一種方法比較好？	→	下列方法哪一種比較適合？ ① 依照報到順序 ② 抽籤 ③ 如有其他更好的方法請告知
開會時間要訂在什麼時候比較好？	→	開會時間就從以下幾個時間當中來決定，可以嗎？ 7月29日（三） 7月30日（四） 7月31日（五）
針對這一次的活動，請問有什麼意見嗎？	→	針對這一次的活動，請提出做得好跟不好的地方。

POINT
盡量減少對方回信的麻煩

今天也等不到回信了嗎？

寄出去的信沒人看
▼

把信件主旨當內容預告

　　工作繁忙或職位愈高的人，很可能根本沒有時間看信，因為有太多信要看了。

　　這時候就必須想辦法讓對方能看到你的信。收件匣有大量未讀取信件的人，不可能把每封信都一一點開來看，幾乎都是**透過信件主旨來判斷要不要開啟信件**。

　　所以我在寫信時，通常會把信件主旨當成內容預告來寫。
　　一般來說，未讀取信件只會顯示出信件主旨，所以**可以在主旨一開頭的地方，以粗括號（【】）直接讓對方知道是否需要回信**。像這樣：

　　【討論】關於TIGER興業的估價金額

　　...

　　【致謝：不需回覆】Re:ISO內部稽核通知

　　...

　　【報告】二月契約案結算

　　如果是討論，就需要回信。致謝則是表達心意，不需要對方回信。至於單純的報告，讀不讀就全由對方決定。
　　就當作自己是在替沒有時間把信全部看完的對方**做信件分類**，像是：
　　「這封信只要收到就行了」
　　「請讀這封信」

這種方式會讓對方對你產生信任感，覺得「（你）的信讀起來簡單明瞭，那就點開來看吧」。這麼一來，重要信件被遺漏的機率也會大幅減少。

■ 會被點開來看的信件主旨示範

關於○○　→　【討論】關於估價單
　　　　　→　【請於5/15前回覆】關於鈴木先生客訴案件
　　　　　→　【重發】關於鈴木先生客訴案件

寄送　　　→　【報告】關於5/15活動收支
　　　　　→　【通知】付款日變更通知
　　　　　→　【不需回覆】5月5日活動詳情

請求確認　→　【請回覆】決定展示會發送物品
　　　　　→　【情報分享】5月排班表
　　　　　→　【聯絡】下週朝會暫停一次

> **POINT**
> **使用會被注意到的信件主旨**

沒發現信件上的錯字和掉字

善用「邊讀邊點」、「複製貼上」、「借用他人眼睛」的秘技

信裡出現錯字，這種事相信大家都有經驗。我（小鳥遊）自己也經常會打錯字。

因此根據多年以來的經驗，我要跟大家分享三種避免出錯的方法。

1. 邊讀邊點

文章寫完不管重看幾遍，還是會有錯誤沒發現。這是因為光靠眼睛看，視線會跑太快，「以為」自己讀過了。

這種時候，最建議的方法就是邊讀邊點。

也就是將書信內容列印出來，邊讀邊在單字或斷句的地方標上逗點。利用標逗點的方示提醒自己「這裡已經讀過了」、「這裡也讀過了」，這麼一來便能大幅減少跳著讀的發生率。把內容列印出來則是為了方便標逗點。

而且，**列印出來之後，很神奇地會發現之前在電腦螢幕上沒發現的錯字和掉字**。這也是為什麼建議把內容列印出來確認的原因之一。

2. 盡可能用複製貼上的方式

只要手邊有原始資料，我都會盡量用複製貼上的方式。

就算自己重新輸入會比較快，我也會盡量克制求快的心情，善用複製貼上的方法來輸入。特別是絕對不能出錯的公司名稱、人名、金額、日期、日程等，建議最好都採用複製貼上的方式。

3. 請他人幫助檢查

　請主管或同事幫忙檢查也很有用。透過他人檢查，不僅正確度會提高，也能減輕「自己一個人承擔責任」的壓力。

■ 邊讀邊點的方式讓錯字和掉字不再發生

將信件內容列印出來，邊讀邊在單字或斷句的地方標上逗點，幫助自己發現錯字和掉字。

新郵件

To suzuki@○○○○.co.jp
株式會社. 貓咪,商事,
鈴木,先生,

感謝,您平時,的關照,
我是BEAR公司,的高橋。

非常感謝,您在百忙之中,特地,撥出時間。

以下,是關於下一次,的會議,訊息：

【日期】,
6月,2日,（二）,11點〜,12點,
※到了之後,請總機,撥打內線電話,通知法務部,的高橋。

【內容】
確認,契約,內容,
討論,今後的,進度.

接下來,我們將會努力,促使本次,的案子,能夠順利,成功,
還請,多多指教。

POINT

一起進入不會出錯的境界吧

寫信太耗時

大家約定好省略固定句型

　　商業書信在開頭和結尾都會放上固定的句子，以示禮貌。我自己認為這種習慣應該慢慢改掉才對，於是便和同部門的同事約定「省略固定句子」。

　　書信中的固定句子，一般來說大多是這些：

　　株式會社○○
　　法人業務部　部長
　　○○○先生

　　承蒙您的關照。
　　我是○○株式會社　管理部　小鳥遊。

　　結尾部分則是如下：

　　以上，再麻煩您了。

　　想必很多人一定都覺得這些句子很多餘，但是基於「不能失禮」，所以還是放了。

　　因為**不希望只有自己失禮**，所以一直保留著這種不必要的揣測。因此，我建議大家可以彼此約定好「省略這些句子」。

　　其實，省略這些固定句子不但可以減少打字時間，也能**加快書信往來的速度**。

　　因為一方面不必再顧慮會不會失禮，另一方面也會感覺彼此的距離縮短了，對寫信自然不會再心存抗拒。

　　說得更誇張一點，有時候只要寫「了解」兩個字就夠了。

　　事實上，這是一種聊天形式的書信往來，最典型的代表就是通訊軟體LINE。

　　目前仍然有許多公司不接受這種聊天形式的書信往來。這時候不妨可以試著改變一下。

　　如果平時寫信會提醒自己盡量簡短、簡潔，對方的回信也會受到影響，變得相對精簡，非常神奇。這麼一來，彼此花在寫信上的時間也就能縮短了。

POINT

有哪些句子是可以省略的呢？

結 語

~ 小鳥遊 ~

以前只要看見做事有技巧的人，我多半會自我放棄地告訴自己「人家本來就很優秀」。尤其像我這種有ADHD傾向的人，根本不覺得自己能夠有技巧地做事。

確實，有些人本來就懂得做事技巧。面對這種人，感嘆「人家天生就不同」來作為結論，或許會比較輕鬆。

但是另一方面，我也沒辦法完全放棄自己。我一直在想，到底「自己」和「那些優秀的人」之間有何差異？

後來我懂了。

「工作要領」真正指的應該是技巧，而不是天賦才能。技巧只要練習就能學會。事實上，即使是有ADHD傾向的我，也能「創造」技巧。

因此，就算「做事情經常丟三落四」、「有拖延習慣」、「不擅長一心多用」，但只要學會技巧，就至少能和「那些優秀的人」站在同一個舞台一較高下。我是如此堅信著。

本書所介紹的工作流程表，在製作上雖然會花一點時間和工夫，但如果可以在沒有壓力的情況下輕鬆工作，這一點付出，我想大家應該都能接受。

為了讓更多人能夠少花一點時間和工夫地輕鬆面對工作，我在網路上提供了一個方便使用的任務管理支援工具「Taskpedia」。這個數位工具是以本書第一章的內容為基礎，提

供使用者更為便利的功能。掃描下列的QR Code即可下載使用，請各位務必多加利用。

● 任務管理工具
  「Taskpedia」

透過藉由工作流程表的「任務管理」協助之下，讓我在時間上和精神上都從容許多，徹底拯救了我。為了推廣改變我的人生的任務管理，另一方面也是基於工作業務的關係，我現在在身障者就業支援機構也有任務管理的相關課程。

我目前任職的公司非常難得，不但允許員工從事副業，而且同意員工將公司業務融入個人從事的活動中。多虧了公司的理解和任務管理的協助，我的工作方式和人生觀變得和過去截然不同。

各位閱讀這本書，可以說也是某種緣分。希望大家都能將本書介紹的內容反覆「練習」並「熟練」，轉化成自己的能力。

再重申一遍，工作要領可以透過任務管理來養成。最後，祝大家都能毫無壓力地順利完成工作，擁有更充實的人生。

結 語

～ F 太 ～

在本書執筆的過程中，我漸漸覺得，這除了是一本介紹工作技巧以外，同時也是「為學習工作技巧做準備」的書。

這本書囊括了所有工作最基本的思考和訣竅。各位今後在面對更為專業及複雜的工作時，這些必定能助你一臂之力。

看過各類的商業書籍，我認為這本書的內容是目前坊間最缺乏的。

各位如果透過這本書，對各種工作技巧和任務管理萌生興趣，最後在這裡請容我簡單介紹幾個我目前所從事的活動。

各位如果想學習更複雜的任務管理技巧，可以嘗試挑戰「TaskChute Cloud」。這是一款由我目前任職公司的執行長jMatsuzaki所開發的任務管理工具，透過電腦和手機來落實任務管理大師大橋悅夫研發的「TaskChute時間術」。

我自己在五年前就開始利用這項工具，以分為單位記錄每天二十四小時的工作分配。想針對包含假日和個人活動在內的時間做精準管理的人，非常推薦可以使用這項工具。

● TaskChute Cloud

　　本書「CHAPTER 9-9」中提到，除了公司和家庭以外，應該為自己另尋一個作為歸屬的第三空間。因此，我和另外幾個夥伴共同創立了網路社群「Life Engine」。無論各位是想和公司以外的人討論工作上的事情，或是想把自己的興趣和專長變成工作，都可以來這裡看看。

● Life Engine

　　另外，對各種工作技巧和提高工作效率方法（Life Hack）感興趣的人，可以參考我們公司的YouTube頻道。

● Matsuzaki株式會社YouTube頻道

　　最後，非常感謝各位閱讀本書。今後我也會繼續研發更方便、更有效率的工作技巧，希望將來能夠和各位一同分享。

F 太 (Ehuta)

1984 年出生。推特熱中者，帳號追蹤人數約 37 萬人。

學生時期曾報考公認會計師考試，卻不幸落榜，打工也是三個月就被開除。雖然做什麼都不順遂，仍然持續在推特上給失敗的自己打氣，想辦法讓沒有動力的自己採取些什麼行動。內容卻意外引發共鳴，追蹤人數一夕暴增，於是後來便以經營推特維生。為了讓更多人知道即便是如此失敗的自己，也能藉由任務管理擁有一番事業，於是和本書的共同執筆者小鳥遊設計舉辦一連串「專為自認為做事不得要領的人設計的工作術」的活動。同時也持續推廣大橋悅夫研發的「TaskChute 時間術」。2019 年成為 jMatsuzaki 株式會社的共同經營者。著有《讓明天變得更幸福的思考筆記》（暫譯）。

Twitter：@ shh7、@ fta7

小鳥遊 (Taknashi)

1976 年出生。本名高梨健太郎。

曾被診斷出患有發展障礙 ADHD（注意力缺乏過動症）。由於做事情經常丟三落四、不得要領，因此陷入自我苛責，導致出現憂鬱及適應障礙而反覆停職或辭職。後來利用自己研發的 Excel 工具進行工作管理，成功克服 ADHD 帶來的問題。目前任職於 NEMY 株式會社。與本書共同執筆者 F 太設計舉辦了「專為自認為做事不得要領的人設計的工作術」活動，分享自身經驗與工作術。將自己研發的管理工具數位化，在財團法人社會福利機構「SHIP」的協助下以「Taskpedia」的名稱免費提供大眾使用。同時以自身經驗為基礎，每週在就勞移行支援事業所 EXP 立川開設任務管理相關課程。透過這些工作術，實現沒有壓力的工作方式及副業經營。

Twitter：@ nasiken

ブログ：ForGettingThingsDone　http://hochebirne.hatenablog.com/

譯者簡介

賴郁婷

台大日研所畢。曾任職出版社編輯，現為專職譯者。熱愛從翻譯中學習認真生活。

最高工作術：不再擔心犯錯,每天安心上班的工作術圖鑑/F太,
小鳥遊作；賴郁婷譯. -- 初版. -- 臺北市：春天出版國際文化有
限公司,
2022.03
面 ； 公分. -- °(Progress ； 17)
ISBN 978-957-741-509-7(平裝)

1.CST: 職場成功法 2.CST: 工作效率

494.35 111002867

最高工作術
不再擔心犯錯，每天安心上班的工作術圖鑑
要領がよくないと思い込んでいる人のための仕事術図鑑

Progress 17

作 者◎F太、小鳥遊
譯 者◎賴郁婷
總 編 輯◎莊宜勳
主 編◎鍾靈
出 版 者◎春天出版國際文化有限公司
地 址◎台北市大安區忠孝東路4段303號4樓之1
電 話◎02-7733-4070
傳 真◎02-7733-4069
E－mail◎bookspring@bookspring.com.tw
網 址◎http://www.bookspring.com.tw
部 落 格◎http://blog.pixnet.net/bookspring
郵政帳號◎19705538
戶 名◎春天出版國際文化有限公司
法律顧問◎蕭顯忠律師事務所
出版日期◎二○二二年三月初版
定 價◎320元

總 經 銷◎楨德圖書事業有限公司
地 址◎新北市新店區中興路2段196號8樓
電 話◎02-8919-3186
傳 真◎02-8914-5524
香港總代理◎一代匯集
地 址◎九龍旺角塘尾道64號 龍駒企業大廈10 B&D室
電 話◎852-2783-8102
傳 真◎852-2396-0050

版權所有·翻印必究
本書如有缺頁破損，敬請寄回更換，謝謝。
ISBN 978-957-741-509-7